Arun Mozhi Selvi
Aloy Anuja Mary G
Angelina Thanga Ajisha M

Ferramentas e técnicas de Big Data

Arun Mozhi Selvi
Aloy Anuja Mary G
Angelina Thanga Ajisha M

Ferramentas e técnicas de Big Data

ScienciaScripts

Conteúdo

PREFÁCIO

Na era digital atual, o grande volume e a complexidade dos dados gerados deram início a uma era em que os métodos tradicionais de processamento e análise de dados já não são suficientes. O aparecimento da análise de grandes volumes de dados revolucionou a forma como as organizações extraem conhecimentos e tomam decisões baseadas em dados.

Este livro tem como objetivo fornecer um guia completo sobre os fundamentos, as técnicas e as tecnologias da análise de grandes volumes de dados. Desde a compreensão dos conceitos fundamentais de grandes volumes de dados até ao domínio de tecnologias avançadas de processamento de dados, cada capítulo é meticulosamente elaborado para dotar os leitores dos conhecimentos e competências necessários para navegar no vasto panorama da análise de grandes volumes de dados.

Começando com uma panorâmica da análise de grandes volumes de dados e da sua importância, o livro aborda vários aspectos, incluindo a extração de dados, a computação distribuída, a integração na nuvem e as tecnologias de computação em memória. Os leitores irão também explorar o ecossistema Hadoop, os seus módulos principais e tecnologias avançadas, como o Apache Spark e as bases de dados NoSQL.

Além disso, o livro aborda ferramentas e técnicas essenciais para o processamento, análise e visualização de dados, fornecendo informações práticas sobre soluções de ciência de dados empresariais e melhores práticas.

Quer seja um estudante, um cientista de dados ou um profissional do sector, este livro constitui um recurso abrangente para aprofundar os seus conhecimentos sobre a análise de grandes volumes de dados e permitir-lhe tirar partido do seu potencial transformador nos seus empreendimentos.

Através de explicações claras, exemplos práticos e exercícios práticos, o nosso objetivo é desmistificar as complexidades da análise de grandes volumes de dados e inspirá-lo a embarcar numa viagem de exploração e descoberta neste campo empolgante.

## CAPÍTULO 1

FUNDAMENTOS DA ANÁLISE E DAS TECNOLOGIAS DE GRANDES VOLUMES DE DADOS

A unidade introduz conceitos fundamentais da análise de grandes volumes de dados, abrangendo técnicas de extração de dados e componentes técnicos de plataformas de grandes volumes de dados. Explora a computação distribuída e paralela, a integração na nuvem e as tecnologias de computação em memória. A unidade discute extensivamente o Hadoop, o seu ecossistema, módulos principais e componentes-chave como MapReduce e YARN. Dando ênfase às aplicações práticas, dota os alunos de competências essenciais para analisar eficazmente vastos conjuntos de dados. De um modo geral, a unidade serve como uma cartilha abrangente sobre a análise de grandes volumes de dados, fornecendo uma sólida compreensão das ferramentas e metodologias cruciais para extrair conhecimentos e obter valor de fontes de dados grandes e complexas.

1.1 VISÃO GERAL DA ANÁLISE DE GRANDES VOLUMES DE DADOS

A análise de grandes volumes de dados refere-se ao processo de recolha, organização, análise e obtenção de conhecimentos a partir de conjuntos de dados grandes e complexos, frequentemente designados por grandes volumes de dados. Envolve a utilização de tecnologias e técnicas avançadas para extrair informações valiosas, padrões e tendências de grandes quantidades de dados estruturados e não estruturados.

Eis uma visão geral da análise de grandes volumes de dados:

1. Volume: A análise de megadados lida com um enorme volume de dados que excede a capacidade dos sistemas tradicionais de processamento de dados. Estes dados podem provir de várias fontes, como as redes sociais, sensores, ficheiros de registo, transacções, etc.

2. Velocidade: Os grandes volumes de dados são gerados a grande velocidade e, muitas vezes, em tempo real. A análise dos dados à medida que são produzidos permite que as organizações tomem decisões imediatas e adoptem acções atempadas.

3. Variedade: Os grandes volumes de dados apresentam-se em vários formatos, incluindo dados estruturados (por exemplo, bases de dados, folhas de cálculo), dados semi-estruturados (por exemplo, XML, JSON) e dados não estruturados (por exemplo, e-mails, publicações nas redes sociais, vídeos). A análise de grandes volumes de dados envolve o tratamento e a integração de diferentes tipos de dados.

4. Veracidade: Os grandes volumes de dados podem ser diversos e ruidosos, contendo imprecisões, incertezas e inconsistências. A qualidade e a fiabilidade dos dados são considerações cruciais na análise de grandes volumes de dados para garantir a exatidão da análise e da tomada de decisões.

5. Valor: O objetivo final da análise de grandes volumes de dados é obter valor e conhecimentos a partir dos dados. Através da análise de grandes conjuntos de dados, as organizações podem descobrir padrões, correlações e tendências que podem conduzir a uma maior eficiência operacional, a melhores experiências para os clientes e a uma melhor tomada de decisões.

6. Técnicas: A análise de grandes volumes de dados utiliza várias técnicas e tecnologias, incluindo análise estatística, aprendizagem automática, extração de dados, modelação preditiva, processamento de linguagem natural, entre outras. Estas técnicas ajudam a descobrir padrões ocultos, a fazer previsões e a obter informações significativas a partir dos dados.

7. Ferramentas e tecnologias: Uma vasta gama de ferramentas e tecnologias suporta a análise de grandes volumes de dados, incluindo Hadoop, Spark, bases de dados NoSQL, armazéns de dados, lagos de dados e plataformas baseadas na nuvem. Estas tecnologias permitem o armazenamento, processamento e análise eficientes de grandes conjuntos de dados.

8. Aplicações: A análise de grandes volumes de dados encontra aplicações em várias indústrias e sectores. É utilizada para análise de clientes, deteção de fraudes, análise de riscos, otimização da cadeia de fornecimento, manutenção preditiva, análise de cuidados de saúde, marketing personalizado, análise de sentimentos e muitos outros casos de utilização.

9. Desafios: A análise de grandes volumes de dados coloca vários desafios, incluindo a privacidade e a segurança dos dados, a integração de dados, a escalabilidade, a garantia da qualidade dos dados e a escassez de talentos. As organizações precisam de enfrentar estes desafios para maximizar o potencial da análise de grandes volumes de dados.

10. Considerações éticas: A análise de grandes volumes de dados suscita preocupações éticas relacionadas com a privacidade, o consentimento e a possibilidade de preconceitos e discriminação. É essencial tratar os dados de forma responsável, garantir a transparência e aderir a directrizes éticas durante a realização da análise de megadados.

De um modo geral, a análise de megadados oferece às organizações a capacidade de aproveitar o poder de conjuntos de dados grandes e diversificados para obter informações valiosas, tomar decisões informadas e desbloquear novas oportunidades de inovação e crescimento.

1.2 INTRODUÇÃO À ANÁLISE DE DADOS E AOS GRANDES VOLUMES DE DADOS

A análise de dados é o processo de examinar, transformar e modelar dados para descobrir informações úteis, tirar conclusões e apoiar a tomada de decisões. Envolve a análise de grandes volumes de dados para descobrir padrões, tendências e conhecimentos que podem ajudar as organizações a tomar decisões comerciais informadas. A análise de dados utiliza várias técnicas estatísticas e matemáticas, bem como ferramentas e tecnologias, para extrair conhecimentos valiosos dos dados.

A análise de dados pode ser classificada em diferentes tipos:

1. Análise descritiva: A análise descritiva centra-se na compreensão dos dados históricos e no seu resumo para obter informações sobre eventos e tendências passados. Ajuda a responder a perguntas como "O que aconteceu?" e fornece uma base para uma análise mais aprofundada.

2. Análise de diagnóstico: A análise de diagnóstico envolve o exame de dados para compreender as causas e razões subjacentes a eventos ou padrões específicos. Vai além da análise descritiva para explorar o "porquê" de determinados resultados.

3. Análise preditiva: A análise preditiva utiliza dados históricos e modelos estatísticos para fazer previsões sobre resultados futuros. Envolve a análise de padrões e tendências para prever potenciais eventos futuros e tomar decisões proactivas.

4. Análise prescritiva: A análise prescritiva combina a análise preditiva com técnicas de otimização para sugerir o melhor curso de ação. Recomenda acções que podem maximizar os resultados desejados ou minimizar os impactos negativos com base nos dados e restrições disponíveis.

Introdução ao Big Data:

Os grandes volumes de dados referem-se a conjuntos de dados extremamente grandes e complexos que não podem ser facilmente geridos ou analisados utilizando métodos tradicionais de processamento de dados. Caracteriza-se pelos "3Vs": Volume, Velocidade e Variedade.

1. Volume: Os grandes volumes de dados implicam o tratamento de grandes quantidades de dados, frequentemente em terabytes ou petabytes, que excedem as capacidades de armazenamento e processamento dos sistemas tradicionais. Estes dados podem provir de várias fontes, incluindo redes sociais, sensores, máquinas, sistemas transaccionais, etc.

2. Velocidade: Os grandes volumes de dados são gerados a alta velocidade e requerem um processamento em tempo real ou quase em tempo real. Envolve a análise dos dados à medida que são gerados para extrair informações

atempadas e permitir a tomada de decisões proactivas.

3. Variedade: Os grandes volumes de dados são diversos e englobam diferentes tipos de dados, incluindo dados estruturados (por exemplo, bases de dados relacionais), dados semi-estruturados (por exemplo, XML, JSON) e dados não estruturados (por exemplo, texto, imagens, vídeos). O tratamento e a integração destes tipos de dados variados colocam desafios significativos.

A análise de grandes volumes de dados refere-se ao processo de análise e obtenção de conhecimentos a partir de grandes volumes de dados. Envolve o emprego de técnicas analíticas avançadas, algoritmos de aprendizagem automática e tecnologias para extrair informações significativas, identificar padrões, detetar anomalias e fazer previsões a partir de conjuntos de dados grandes e complexos.

A análise de grandes volumes de dados tem o potencial de impulsionar a inovação, melhorar a tomada de decisões, otimizar processos, melhorar as experiências dos clientes e desbloquear novas oportunidades de negócio. No entanto, também apresenta desafios relacionados com a gestão de dados, a escalabilidade, a privacidade, a segurança e a necessidade de competências e ferramentas especializadas.

Em resumo, a análise de dados centra-se na extração de conhecimentos e na tomada de decisões informadas a partir dos dados, enquanto a análise de grandes volumes de dados lida com os desafios e oportunidades colocados por conjuntos de dados grandes e complexos. Ambos os domínios desempenham papéis cruciais no mundo atual, orientado para os dados, permitindo às organizações obter informações valiosas e conduzir acções estratégicas.

1.3 EXTRACÇÃO DE GRANDES VOLUMES DE DADOS

A extração de grandes volumes de dados, também conhecida como análise de grandes volumes de dados ou extração de dados em grande escala, é o processo de extrair informações, padrões e conhecimentos valiosos de conjuntos de dados maciços e complexos. Envolve a utilização de técnicas computacionais avançadas, algoritmos estatísticos e métodos de aprendizagem automática para analisar e descobrir padrões ocultos, correlações e tendências nos dados.

1. Volume e variedade: A extração de grandes volumes de dados lida com grandes volumes de dados que incluem frequentemente diversos tipos de dados, como dados estruturados, semi-estruturados e não estruturados. Exige técnicas e ferramentas capazes de tratar e integrar conjuntos de dados tão vastos e variados.

2. Pré-processamento de dados: O pré-processamento é um passo essencial

na extração de grandes volumes de dados. Envolve a limpeza e a transformação dos dados em bruto para garantir a sua qualidade, consistência e adequação à análise. Este processo pode incluir a limpeza dos dados, a normalização, a seleção de características e a redução da dimensionalidade.

3. Computação distribuída: A extração de grandes volumes de dados baseia-se frequentemente em estruturas e tecnologias de computação distribuída, como o Apache Hadoop e o Spark. Estas estruturas permitem o processamento paralelo e o armazenamento distribuído, permitindo a análise eficiente de grandes conjuntos de dados em vários nós ou clusters.

4. Aprendizagem automática e técnicas estatísticas: A extração de grandes volumes de dados utiliza uma vasta gama de algoritmos de aprendizagem automática e técnicas estatísticas para descobrir padrões e relações nos dados. Estas incluem classificação, agrupamento, regressão, extração de regras de associação, deteção de anomalias e extração de texto, entre outras.

5. Análise em tempo real: A exploração de grandes volumes de dados pode ser aplicada a dados em tempo real ou em fluxo contínuo, permitindo que as organizações tomem decisões instantâneas e adoptem acções imediatas com base nas informações obtidas a partir dos dados que entram continuamente.

6. Escalabilidade: As técnicas e os algoritmos de extração de grandes volumes de dados são concebidos para escalar e tratar grandes quantidades de dados. São capazes de processar e analisar dados em paralelo, permitindo a extração eficiente e atempada de conhecimentos.

7. Aplicações comerciais: A extração de grandes volumes de dados encontra aplicações em vários domínios e indústrias. É utilizada para segmentação e direcionamento de clientes, deteção de fraudes, sistemas de recomendação, análise de mercado, análise de sentimentos, otimização da cadeia de fornecimento, análise de cuidados de saúde e muito mais.

8. Privacidade e considerações éticas: A extração de grandes volumes de dados levanta importantes considerações éticas, nomeadamente no que respeita à privacidade e segurança dos dados. A análise de grandes conjuntos de dados que contêm informações sensíveis ou pessoais exige o cumprimento de regulamentos de privacidade e directrizes éticas para proteger os direitos de privacidade dos indivíduos.

9. Visualização de dados: A visualização de dados desempenha um papel vital na extração de grandes volumes de dados. Ajuda a compreender e a comunicar eficazmente os conhecimentos e padrões descobertos nos dados. As representações visuais, tais como tabelas, gráficos e painéis interactivos, facilitam a tomada de decisões e apoiam as estratégias baseadas em dados.

A extração de grandes volumes de dados tem o potencial de revelar informações valiosas a partir de conjuntos de dados maciços que anteriormente eram difíceis ou impossíveis de analisar. Ao extrair padrões e conhecimentos significativos, as organizações podem tomar decisões informadas, otimizar as operações, melhorar as experiências dos clientes e obter uma vantagem competitiva na era dos dados.

1.4 ELEMENTOS TÉCNICOS DA PLATAFORMA DE GRANDES VOLUMES DE DADOS

Uma plataforma de megadados inclui vários elementos técnicos que funcionam em conjunto para armazenar, processar, analisar e gerir grandes volumes de dados. Estes elementos permitem às organizações tirar partido dos grandes volumes de dados de forma eficaz. Eis os principais componentes técnicos de uma plataforma de megadados:

1. Sistema de ficheiros distribuído (DFS): Um sistema de ficheiros distribuído é a base de uma plataforma de grandes volumes de dados. Fornece uma infraestrutura de armazenamento distribuída e escalável que pode lidar com grandes volumes de dados. O Apache Hadoop Distributed File System (HDFS) é um DFS amplamente utilizado no ecossistema de grandes volumes de dados.

2. Quadro de processamento de dados: As plataformas de grandes volumes de dados dependem de estruturas de processamento de dados para processar e analisar dados em paralelo em recursos de computação distribuídos. O Apache Hadoop MapReduce, o Apache Spark e o Apache Flink são estruturas populares de processamento de dados que permitem a computação distribuída para a análise de grandes volumes de dados.

3. Ingestão de dados: Os componentes de ingestão de dados facilitam o processo de captura e recolha de dados de várias fontes e a sua introdução na plataforma de grandes volumes de dados. Envolve ferramentas e técnicas para ingerir dados estruturados e não estruturados, incluindo processamento em lote e dados de fluxo contínuo em tempo real. O Apache Kafka, o Apache Flume e o Apache NiFi são ferramentas normalmente utilizadas para a ingestão de dados.

4. Armazenamento de dados: As plataformas de grandes volumes de dados utilizam sistemas de armazenamento de dados escaláveis e distribuídos para tratar grandes volumes de dados. Juntamente com o HDFS, são utilizadas tecnologias como o Apache Cassandra, o Apache HBase e serviços de armazenamento baseados na nuvem, como o Amazon S3 e o Google Cloud Storage, para armazenar dados estruturados e não estruturados.

5. Processamento e análise de dados: As plataformas de Big Data fornecem uma vasta gama de ferramentas e estruturas para o processamento e análise

de dados. Isto inclui o processamento em lote para análise de dados históricos utilizando ferramentas como o Apache Hive e o Apache Pig, bem como análises interactivas e em tempo real com tecnologias como o Apache Spark SQL, o Apache Impala e o Apache Drill.

6. Aprendizagem automática e IA: As plataformas de grandes volumes de dados integram frequentemente capacidades de aprendizagem automática e de inteligência artificial. Fornecem bibliotecas e estruturas para a criação e implementação de modelos de aprendizagem automática à escala. Apache Mahout, TensorFlow e PyTorch são exemplos de ferramentas populares para a aprendizagem automática no ecossistema de grandes volumes de dados.

7. Governação e segurança dos dados: As plataformas de megadados incorporam componentes para a governação de dados, assegurando a gestão adequada dos dados, a privacidade e a conformidade.

Estes componentes incluem a catalogação de dados, o controlo de acesso, a linhagem de dados, a gestão de metadados e características de segurança como a autenticação, a encriptação e o registo de auditorias.

8. Fluxo de trabalho e orquestração de tarefas: As plataformas de grandes volumes de dados suportam o fluxo de trabalho e a orquestração de tarefas para gerir e programar pipelines e fluxos de trabalho complexos de processamento de dados. Ferramentas como o Apache Oozie, o Apache Airflow e o Apache NiFi fornecem capacidades para definir, programar e monitorizar tarefas e dependências de processamento de dados.

9. Visualização de dados e relatórios: As ferramentas e plataformas de visualização de dados são essenciais para a apresentação de informações e conclusões da análise de grandes volumes de dados. Soluções como o Tableau, o Power BI e o Apache Superset permitem aos utilizadores criar dashboards, relatórios e visualizações interactivos para comunicar eficazmente as informações baseadas em dados.

10. Nuvem e contentorização: Muitas plataformas de Big Data são implantadas em ambientes de nuvem, aproveitando a escalabilidade e a flexibilidade da infraestrutura de nuvem. Tecnologias como Apache Kubernetes, Docker e provedores de serviços de nuvem como Amazon Web Services (AWS) e Google Cloud Platform (GCP) fornecem recursos de conteinerização e nativos da nuvem para implantações de Big Data.

Estes elementos técnicos funcionam em harmonia para permitir o armazenamento, processamento, análise e gestão eficientes de grandes volumes de dados. As organizações podem tirar partido destes componentes para obter informações, tomar decisões baseadas em dados e obter valor dos seus conjuntos de dados grandes e diversificados.

1.5 KIT DE FERRAMENTAS ANALÍTICAS E COMPONENTES DO KIT DE FERRAMENTAS ANALÍTICAS

Um conjunto de ferramentas de análise refere-se a um conjunto de ferramentas e componentes utilizados para executar tarefas de análise de dados e extrair informações dos dados. Estas ferramentas e componentes ajudam em várias fases do processo de análise, incluindo a preparação, análise, visualização e interpretação dos dados. Eis alguns dos principais componentes normalmente encontrados num conjunto de ferramentas de análise:

1. Ferramentas de integração de dados e ETL: Estas ferramentas permitem processos de extração, transformação e carregamento de dados (ETL). Ajudam a integrar dados de várias fontes, limpam-nos e pré-processam-nos e preparam-nos para análise. Os exemplos incluem o Apache Kafka, o Apache NiFi e o Talend.

2. Armazenamento e armazenamento de dados: As soluções de armazenamento de dados fornecem um repositório centralizado para dados estruturados e semi-estruturados. Facilitam o armazenamento, a recuperação e a gestão eficientes dos dados para efeitos de análise. Exemplos populares incluem o Amazon Redshift, o Google BigQuery e o Apache Hive.

3. Ferramentas de exploração e visualização de dados: Estas ferramentas ajudam a explorar e a visualizar os dados para descobrir padrões, relações e informações. Oferecem dashboards interactivos, tabelas e gráficos para representar visualmente os dados. As ferramentas habitualmente utilizadas incluem o Tableau, o Power BI e o QlikView.

4. Análise estatística e modelação: As ferramentas de análise estatística fornecem uma gama de técnicas estatísticas e algoritmos para analisar dados e descobrir padrões. Incluem estatísticas descritivas, testes de hipóteses, análise de regressão e agrupamento. As ferramentas mais populares nesta categoria incluem R, Python (com bibliotecas como NumPy, pandas e SciPy) e IBM SPSS.

5. Estruturas de aprendizagem automática: As estruturas de aprendizagem automática oferecem bibliotecas e algoritmos para a criação e implementação de modelos preditivos e soluções de aprendizagem automática. Permitem tarefas como a classificação, a regressão, o agrupamento e os sistemas de recomendação. Os exemplos incluem scikit-learn, TensorFlow, PyTorch e Apache Mahout.

6. Ferramentas de extração de texto e processamento de linguagem natural (PNL): Estas ferramentas centram-se na extração de informações a partir de dados de texto não estruturados, tais como comentários de clientes,

publicações em redes sociais e artigos. Utilizam técnicas como a análise de sentimentos, o reconhecimento de entidades e a modelação de tópicos. Ferramentas como NLTK (Natural Language Toolkit), SpaCy e Apache OpenNLP enquadram-se nesta categoria.

7. Estruturas de processamento de grandes volumes de dados: As estruturas de processamento de grandes volumes de dados são concebidas para lidar com a análise de dados em grande escala em sistemas de computação distribuídos. Fornecem capacidades de processamento e análise de dados em paralelo em vários nós ou clusters. Os exemplos incluem o Apache Hadoop (com MapReduce e HDFS) e o Apache Spark.

8. Extração de dados e descoberta de padrões: As ferramentas de extração de dados ajudam a descobrir padrões, tendências e associações ocultas nos conjuntos de dados. Utilizam algoritmos como a extração de regras de associação, árvores de decisão e agrupamento para descobrir informações a partir dos dados. As ferramentas populares nesta categoria incluem Weka, RapidMiner e KNIME.

9. Governação de dados e gestão de metadados: Estas ferramentas centram-se na gestão da qualidade dos dados, dos metadados e na garantia da conformidade com os regulamentos. Ajudam a estabelecer políticas de governação de dados, linhagem de dados e catalogação de dados. Os exemplos incluem Collibra, Informatica e Apache Atlas.

10. Serviços e plataformas de nuvem: Os serviços e plataformas de análise baseados na nuvem fornecem uma infraestrutura escalável e flexível para tarefas de análise. Oferecem capacidades de armazenamento, processamento e análise na nuvem, reduzindo a necessidade de infra-estruturas no local. Os exemplos incluem os Serviços Analíticos AWS (como o Amazon EMR e o Amazon Athena) e os Serviços Analíticos Microsoft Azure.

Estes componentes, em conjunto, formam um conjunto de ferramentas analíticas abrangentes, permitindo que as organizações executem várias tarefas de análise de dados, obtenham informações e tomem decisões baseadas em dados. O conjunto específico de ferramentas e componentes utilizados pode variar consoante os requisitos da organização, os tipos de dados e os objectivos da análise.

1.6 COMPUTAÇÃO DISTRIBUÍDA E PARALELA PARA GRANDES VOLUMES DE DADOS

A computação distribuída e paralela desempenha um papel fundamental no tratamento do enorme volume e complexidade dos grandes volumes de dados. Permitem o processamento, a análise e o armazenamento eficientes de dados em vários recursos de computação, resultando numa análise de dados mais rápida e mais escalável. Eis uma panorâmica geral da computação distribuída e paralela para grandes volumes de dados:

1. Computação distribuída: A computação distribuída envolve a utilização de vários recursos de computação interligados, como servidores, clusters ou nós, para trabalhar em colaboração numa tarefa. No contexto dos grandes volumes de dados, a computação distribuída permite o processamento paralelo de grandes conjuntos de dados, dividindo a carga de trabalho por várias máquinas.

2. Computação paralela: A computação paralela centra-se na execução simultânea de várias tarefas ou operações em paralelo para acelerar o tempo de processamento. Utiliza várias unidades de processamento, como processadores multi-core ou GPUs, para executar cálculos em simultâneo. A computação paralela é particularmente eficaz quando aplicada a tarefas com grande volume de dados, como a análise de grandes volumes de dados.

3. Sistema de ficheiros distribuído: Um sistema de ficheiros distribuído, como o Hadoop Distributed File System (HDFS), fornece a base para a computação distribuída e paralela em grandes volumes de dados. Permite o armazenamento e a distribuição de dados em vários nós de um cluster, possibilitando o acesso de alta velocidade aos dados e a tolerância a falhas.

4. MapReduce: O MapReduce é um modelo de programação e uma estrutura de processamento associada que facilita a computação distribuída para a análise de grandes volumes de dados. Divide as tarefas de processamento de dados em duas fases: "mapear" e "reduzir". A fase "map" distribui tarefas por vários nós para execução paralela, e a fase "reduce" combina os resultados dos cálculos paralelos.

5. Spark: O Apache Spark é uma estrutura de computação distribuída amplamente utilizada que amplia as capacidades do MapReduce. Oferece um modelo de computação na memória, permitindo que os dados sejam armazenados em cache na memória, o que melhora significativamente a velocidade de processamento. O Spark fornece uma estrutura flexível e unificada para processamento de dados distribuídos, incluindo processamento em lote, consultas interactivas, processamento de fluxo e aprendizagem automática.

6. Particionamento de dados: O particionamento de dados envolve a divisão de grandes conjuntos de dados em subconjuntos mais pequenos, ou partições, para os distribuir por vários recursos de computação. Cada recurso processa a sua partição atribuída de forma independente, permitindo o processamento paralelo. O particionamento de dados garante uma distribuição eficiente dos dados e o equilíbrio da carga de trabalho durante a computação distribuída.

7. Escalonamento de tarefas e gestão de recursos: Em ambientes de computação distribuída e paralela, os mecanismos de escalonamento de tarefas e de gestão de recursos atribuem recursos computacionais de forma eficaz. Garantem que as tarefas são executadas de forma eficiente, que os dados são processados em paralelo e que os recursos do sistema são utilizados de forma optimizada. Tecnologias como o Apache YARN (Yet Another Resource Negotiator) e o Kubernetes fornecem capacidades de gestão de recursos.

8. Tolerância a falhas: As estruturas de computação distribuída e paralela incorporam mecanismos de tolerância a falhas para lidar com as falhas no ambiente de computação. Replicam os dados e a computação em vários nós para garantir que, se um nó falhar, o processamento pode continuar sem problemas noutros nós disponíveis sem perda de dados.

9. Escalabilidade: As arquitecturas de computação distribuída e paralela são altamente escaláveis, permitindo às organizações lidar com grandes volumes de dados e escalar a sua infraestrutura conforme necessário. Ao adicionar mais recursos de computação ao cluster, as organizações podem acomodar as crescentes exigências de dados e obter tempos de processamento mais rápidos.

10. Computação em nuvem: As plataformas de nuvem, como a Amazon Web Services (AWS), a Google Cloud Platform (GCP) e a Microsoft Azure, oferecem serviços de computação distribuída e paralela para a análise de grandes volumes de dados. Estes serviços baseados na nuvem fornecem recursos a pedido, escalabilidade e capacidades de computação de alto desempenho, permitindo às organizações processar grandes volumes de dados de forma eficiente sem a necessidade de investimentos iniciais significativos em infra-estruturas.

A computação distribuída e paralela é fundamental para a análise de grandes volumes de dados, permitindo que as organizações lidem com os desafios do processamento eficiente de conjuntos de dados maciços. Ao tirar partido das estruturas e tecnologias de computação distribuída e paralela, as organizações podem acelerar o processamento de dados, obter informações mais rápidas e aproveitar todo o potencial dos seus recursos de megadados.

1.7 COMPUTAÇÃO EM NUVEM E GRANDES VOLUMES DE DADOS

A computação em nuvem e os megadados estão intimamente ligados e complementam-se mutuamente, fornecendo às organizações uma infraestrutura escalável e flexível para gerir, processar e analisar grandes volumes de dados. Eis como a computação em nuvem e o Big Data se cruzam:

1. Escalabilidade: As plataformas de computação em nuvem, como o Amazon Web Services (AWS), o Microsoft Azure e o Google Cloud Platform (GCP), oferecem escalabilidade elástica, permitindo que as organizações expandam os seus recursos de computação a pedido. Essa escalabilidade é essencial para lidar com os enormes volumes de dados associados à análise de Big Data. À medida que os dados crescem, as organizações podem facilmente aumentar a sua infraestrutura para acomodar o aumento da carga de trabalho.

2. Armazenamento: Os fornecedores de serviços na nuvem oferecem soluções de armazenamento escaláveis e distribuídas que são adequadas para grandes volumes de dados. Estas incluem serviços como o Amazon S3, o Azure Blob Storage e o Google Cloud Storage. O armazenamento na nuvem permite que as organizações armazenem e acedam a grandes conjuntos de dados de forma eficiente e fiável, eliminando a necessidade de infraestruturas de armazenamento no local.

3. Poder de processamento: As plataformas de computação em nuvem fornecem capacidades de processamento poderosas que podem lidar com as exigências computacionais da análise de grandes volumes de dados. Oferecem máquinas virtuais (VMs), contentores e opções de computação sem servidor para executar tarefas de processamento de dados em paralelo em recursos distribuídos. Plataformas de nuvem como a AWS fornecem serviços como o Amazon EMR (Elastic MapReduce) e o Azure fornece o Azure HDInsight, que são especificamente concebidos para o processamento de grandes volumes de dados utilizando estruturas como o Apache Hadoop e o Apache Spark.

4. Eficiência de custos: A computação em nuvem oferece um modelo de pagamento conforme o uso, permitindo que as organizações paguem apenas pelos recursos que consomem. Este modelo de custos é vantajoso para a análise de Big Data, uma vez que os custos de processamento e armazenamento podem ser optimizados com base no volume de dados e nos padrões de utilização. As plataformas de nuvem também oferecem ferramentas e serviços de otimização de custos para ajudar as organizações a gerir a sua infraestrutura de megadados de forma eficiente.

5. Integração de dados: As plataformas em nuvem oferecem opções de conetividade e ferramentas para uma integração perfeita com várias fontes de dados. Isto facilita a ingestão de dados de diferentes sistemas e serviços, facilitando a reunião de diversos conjuntos de dados para a análise de grandes volumes de dados. Serviços de integração baseados na nuvem, como o AWS

Glue e o Azure

A Data Factory ajuda as organizações a simplificar o processo de recolha e preparação de dados para análise.

6. Serviços de análise: Os provedores de nuvem oferecem uma ampla gama de serviços e ferramentas de análise para processamento e análise de Big Data. Estes incluem serviços geridos para armazenamento de dados (por exemplo, Amazon Redshift, Azure Synapse Analytics), processamento de grandes volumes de dados (por exemplo, AWS Athena, Azure Databricks) e aprendizagem automática (por exemplo, AWS SageMaker, Google Cloud AutoML). Estes serviços abstraem a complexidade da infraestrutura subjacente, permitindo que as organizações se concentrem na análise de dados e não na gestão da infraestrutura.

7. Colaboração e acessibilidade: A computação em nuvem permite uma colaboração e acessibilidade perfeitas aos recursos de megadados. Os cientistas de dados, os analistas e as partes interessadas podem aceder e trabalhar com ferramentas e plataformas de análise de megadados a partir de qualquer lugar com uma ligação à Internet. Isto facilita a exploração colaborativa de dados, a partilha de conhecimentos e a democratização dos dados dentro da organização.

8. Fiabilidade e segurança: Os fornecedores de serviços em nuvem oferecem medidas de segurança robustas e mecanismos de proteção de dados para salvaguardar os activos de grandes volumes de dados. Investem em infra-estruturas de ponta, sistemas de recuperação de desastres e certificações de conformidade para garantir elevados níveis de fiabilidade, disponibilidade e segurança dos dados. Além disso, as plataformas de nuvem fornecem encriptação de dados incorporada, controlos de acesso e ferramentas de monitorização para proteger os activos de grandes volumes de dados sensíveis.

Ao tirar partido da computação em nuvem, as organizações podem ultrapassar os desafios associados à criação e manutenção de infra-estruturas de megadados no local. As plataformas de nuvem fornecem a escalabilidade, o armazenamento, a capacidade de processamento e as capacidades analíticas necessárias para gerir e analisar eficazmente os grandes volumes de dados, permitindo que as organizações se concentrem na obtenção de informações e na criação de valor a partir dos seus activos de dados.

1.8 TECNOLOGIA DE COMPUTAÇÃO EM MEMÓRIA PARA GRANDES VOLUMES DE DADOS

A tecnologia de computação na memória desempenha um papel crucial na aceleração do processamento e análise de grandes volumes de dados, armazenando os dados na memória principal (RAM) em vez de nos tradicionais sistemas de armazenamento baseados em disco. Esta abordagem melhora significativamente o acesso aos dados e a velocidade de processamento, permitindo a análise em tempo real ou quase em tempo real de grandes volumes de dados. Eis alguns aspectos fundamentais da tecnologia de computação na memória para grandes volumes de dados:

1. Armazenamento de dados em cache: A computação na memória envolve o armazenamento em cache de dados frequentemente acedidos ou quentes na memória principal. Ao armazenar dados na memória, as operações de leitura subsequentes podem ser efectuadas com uma latência extremamente baixa, uma vez que a recuperação de dados da RAM é significativamente mais rápida do que o acesso a dados de sistemas de armazenamento baseados em disco.

2. Velocidade de processamento: A tecnologia de computação na memória facilita o processamento e a análise de dados mais rápidos, eliminando os estrangulamentos de E/S do disco. Com os dados a residir na memória, as operações intensivas da CPU, como a filtragem, a agregação e os cálculos complexos, podem ser efectuadas muito mais rapidamente, resultando em informações e análises mais rápidas.

3. Análise em tempo real: A computação em memória permite análises em tempo real ou quase em tempo real, permitindo que as organizações obtenham informações dos dados à medida que estes chegam. Com os dados armazenados na memória, as consultas analíticas e os cálculos complexos podem ser efectuados rapidamente, fornecendo respostas imediatas e facilitando a tomada de decisões rápidas.

4. Bases de dados na memória: As bases de dados na memória são sistemas de armazenamento de dados criados para o efeito que armazenam os dados inteiramente na memória. Estas bases de dados tiram partido da tecnologia de computação em memória para fornecer acesso rápido aos dados e capacidades de processamento. Os exemplos incluem SAP HANA, Oracle TimesTen e MemSQL.

5. Plataformas de análise na memória: As plataformas de análise na memória combinam o armazenamento de dados e as capacidades de análise num único sistema. Permitem que as organizações efectuem análises avançadas diretamente nos dados da memória, eliminando a necessidade de mover os dados entre o armazenamento e os sistemas analíticos. As capacidades de processamento na memória do Apache Spark, combinadas com as suas bibliotecas de aprendizagem automática, são um exemplo de uma plataforma de análise na memória.

6. Processamento de fluxos: A computação na memória é fundamental para o processamento de fluxos, que envolve o processamento e a análise em tempo real de dados em fluxo contínuo. Ao armazenar dados de fluxo contínuo na memória, as organizações podem efetuar cálculos quase instantâneos, identificar padrões e responder a eventos à medida que estes ocorrem.

7. Virtualização de dados: A computação na memória facilita a virtualização de dados, permitindo que as organizações criem uma visão unificada e virtual de fontes de dados distribuídas. Ao armazenar em cache e aceder aos dados a partir da memória, as plataformas de virtualização de dados reduzem a latência associada à consulta e ao acesso aos dados em diferentes sistemas e fontes.

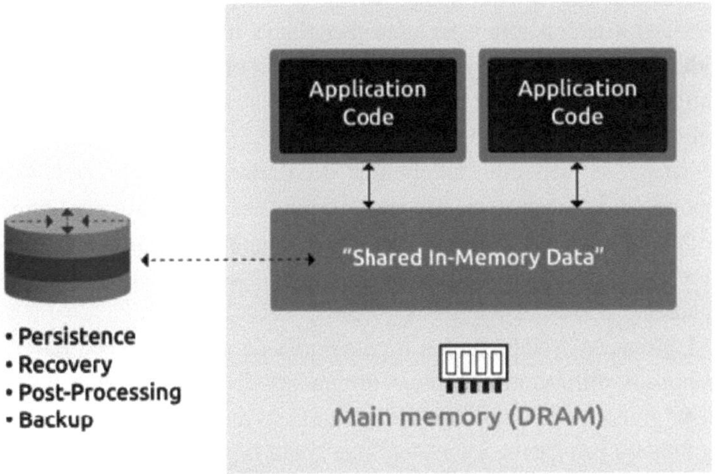

8. Escalabilidade: A tecnologia de computação na memória pode ser escalada horizontalmente, adicionando mais recursos de memória, ou verticalmente, tirando partido de servidores de elevado desempenho com grande capacidade de memória. Esta escalabilidade garante que as cargas de trabalho de megadados podem ser acomodadas de forma eficiente, permitindo que as organizações lidem com volumes de dados crescentes e exigências analíticas cada vez maiores.

9. Abordagens híbridas: As abordagens híbridas combinam a computação em memória com sistemas de armazenamento baseados em disco para otimizar o custo e o desempenho. Os dados frequentemente acedidos ou quentes são armazenados na memória para um acesso rápido, enquanto os dados menos frequentemente acedidos ou frios são armazenados no disco.

Esta abordagem equilibra o desempenho e a relação custo-eficácia, assegurando que os dados mais críticos estão prontamente disponíveis na memória.

A tecnologia de computação na memória revolucionou a análise de grandes volumes de dados ao proporcionar uma velocidade de processamento mais rápida, informações em tempo real e um melhor desempenho. Permite às organizações analisar rapidamente grandes volumes de dados, obter informações imediatas e tomar decisões baseadas em dados em cenários empresariais sensíveis ao tempo.

1.9 FUNDAMENTOS DO HADOOP

O Hadoop é uma estrutura de computação distribuída de código aberto concebida para armazenar e processar grandes conjuntos de dados em clusters de hardware de base. Foi criado por Doug Cutting e Mike Cafarella e inspirado nos documentos MapReduce e Google File System (GFS) da Google. O Hadoop tornou-se uma tecnologia fundamental no mundo dos grandes volumes de dados, permitindo que as organizações tratem grandes quantidades de dados de forma eficiente e em escala.

Eis alguns fundamentos do Hadoop:

1. Sistema de ficheiros distribuídos do Hadoop (HDFS): O HDFS é o componente de armazenamento do Hadoop. Foi concebido para armazenar ficheiros de grandes dimensões em várias máquinas de forma distribuída. O HDFS divide os ficheiros em blocos e replica esses blocos em todo o cluster para garantir a tolerância a falhas.

2. MapReduce: MapReduce é o paradigma de processamento no Hadoop. Permite aos utilizadores escrever programas distribuídos para processar e analisar grandes conjuntos de dados. O modelo de programação baseia-se em duas funções principais: a função "Map" para o processamento de dados e a função "Reduce" para a agregação de resultados.

3. Nós e clusters: Em um ambiente Hadoop, há dois tipos de nós: NameNode e DataNode. O NameNode é responsável pela gestão dos metadados do sistema de ficheiros, enquanto os DataNodes armazenam os blocos de dados reais. Um grupo de nós forma um cluster Hadoop, que executa coletivamente tarefas de processamento de dados.

4. Tolerância a falhas: O Hadoop garante a tolerância a falhas replicando os dados em vários nós do cluster. Se um nó falhar, os dados podem ser recuperados a partir das suas réplicas noutros nós. O NameNode também mantém uma cópia secundária dos seus metadados, permitindo a recuperação em caso de falha.

5. YARN (Yet Another Resource Negotiator): O YARN é a camada de

gestão de recursos do Hadoop. Gere recursos em todo o cluster e agenda tarefas para o processamento de dados. O YARN permite que o Hadoop suporte vários modelos de processamento para além do MapReduce, tornando-o mais versátil.

6. Ecossistema Hadoop: O ecossistema Hadoop compreende um conjunto de projectos e ferramentas relacionados que expandem as capacidades do Hadoop. Alguns componentes populares do ecossistema incluem o Apache Hive (armazenamento de dados), o Apache Pig (linguagem de fluxo de dados), o Apache HBase (base de dados NoSQL), o Apache Spark (processamento de dados na memória) e o Apache Hadoop MapReduce 2 (a próxima geração do MapReduce).

7. Replicação de dados: O Hadoop replica blocos de dados para garantir a fiabilidade dos dados. O fator de replicação predefinido é normalmente três, o que significa que cada bloco é replicado em três nós diferentes.

8. Localidade dos dados: Um dos princípios fundamentais do Hadoop é a localidade dos dados. O seu objetivo é processar os dados no mesmo nó onde estão armazenados. Isso reduz o tráfego de rede e melhora o desempenho ao minimizar a movimentação de dados.

9. Comandos do Hadoop: O Hadoop fornece utilitários de linha de comandos para interagir com o sistema de ficheiros distribuído, submeter trabalhos e gerir o cluster Hadoop. Alguns comandos comuns incluem 'hdfs dfs' para operações do sistema de ficheiros e 'yarn' para gestão de recursos.

10. Segurança do Hadoop: Como o Hadoop lida com dados em grande escala, a segurança é crucial. Fornece mecanismos de autenticação, autorização e encriptação para proteger os dados e controlar o acesso.

O Hadoop é amplamente adotado em várias indústrias e é frequentemente a base dos pipelines de processamento de grandes volumes de dados. No entanto, à medida que a tecnologia evolui, novas estruturas e ferramentas como o Apache Spark ganharam popularidade para determinados casos de utilização devido ao seu melhor desempenho e facilidade de utilização. No entanto, o Hadoop continua a ser uma tecnologia essencial e influente no panorama dos grandes volumes de dados.

1.10 ECOSSISTEMA HADOOP

O ecossistema Hadoop é um conjunto de projectos e ferramentas de código aberto relacionados que alargam as capacidades da estrutura Hadoop. Estes projectos foram concebidos para trabalharem em conjunto com o Hadoop ou de forma independente para dar resposta a vários desafios de grandes volumes de dados. Os componentes do ecossistema melhoram as capacidades de processamento, armazenamento, gestão e análise de dados. Eis alguns dos principais componentes do ecossistema Hadoop:

1. Apache Hive: O Hive é uma ferramenta de armazenamento de dados e de linguagem de consulta semelhante a SQL para o Hadoop. Permite aos utilizadores interagir com os dados utilizando uma sintaxe SQL familiar, facilitando o trabalho dos analistas e engenheiros de dados com conjuntos de dados de grande escala armazenados no HDFS (Hadoop Distributed File System).

2. Apache Pig: Pig é uma plataforma de alto nível e uma linguagem de script para analisar grandes conjuntos de dados. Os scripts Pig foram concebidos para abstrair as complexidades da escrita direta de trabalhos MapReduce, tornando mais simples o processamento de dados.

3. Apache HBase: O HBase é um banco de dados distribuído NoSQL que é executado sobre o Hadoop. Fornece acesso de leitura e escrita em tempo real a grandes conjuntos de dados e é adequado para aplicações que requerem acesso aleatório e de baixa latência aos dados.

4. Apache Spark: O Spark é um mecanismo de processamento de dados rápido e de uso geral que pode executar o processamento de dados na memória. Ele fornece APIs para Java, Scala, Python e R, e suporta processamento em lote, processamento de fluxo e cargas de trabalho de aprendizado de máquina.

5. Apache Sqoop: O Sqoop é uma ferramenta para transferir dados de forma eficiente entre o Hadoop e armazenamentos de dados estruturados, como bases de dados relacionais. Pode importar dados de bases de dados para o Hadoop e exportar dados do Hadoop de volta para bases de dados.

6. Apache Flume: O Flume é um serviço distribuído, fiável e escalável para recolher, agregar e mover grandes quantidades de dados de registo ou eventos de várias fontes de dados para o Hadoop para armazenamento e análise.

7. Apache Kafka: O Kafka é uma plataforma de streaming distribuída que é amplamente utilizada para construir pipelines de dados em tempo real e aplicações de streaming. Pode ser utilizada como uma fonte de dados para componentes do ecossistema Hadoop.

8. Apache Oozie: Oozie é um sistema de agendamento de fluxo de trabalho utilizado para gerir e agendar trabalhos Hadoop e outros tipos de trabalhos no ecossistema Hadoop. Permite aos utilizadores criar fluxos de trabalho complexos de processamento de dados.

9. Apache Mahout: Mahout é uma biblioteca de aprendizagem automática construída sobre o Hadoop. Fornece implementações escaláveis de vários algoritmos de aprendizagem automática para tarefas como agrupamento, classificação e sistemas de recomendação.

10. Apache Zeppelin: O Zeppelin é um bloco de notas baseado na Web que permite aos utilizadores trabalhar interactivamente com dados utilizando linguagens como Scala, Python, SQL, entre outras. Ele suporta a integração com várias fontes de dados, incluindo HDFS e Apache Spark.

11. Apache Drill: O Drill é um mecanismo de consulta SQL distribuído que suporta a consulta de uma ampla gama de fontes de dados, incluindo HBase, Hive, HDFS e outros bancos de dados NoSQL. Ele permite que os usuários realizem consultas ad-hoc em dados estruturados e semi-estruturados.

12. Apache Ranger: O Ranger é uma estrutura para gerenciar políticas de segurança em todo o ecossistema Hadoop. Ele fornece administração de segurança centralizada e controle de acesso para vários componentes do Hadoop.

13. Apache Atlas: O Atlas é uma plataforma de gestão e governação de metadados para o Hadoop. Permite aos utilizadores definir, gerir e descobrir entidades e relações de metadados em todo o ecossistema Hadoop.

Estes são apenas alguns exemplos dos muitos projectos que constituem o ecossistema Hadoop. A natureza modular e extensível do Hadoop permite às organizações escolher e integrar os componentes que melhor se adequam às suas necessidades analíticas e de processamento de grandes volumes de dados. O ecossistema está em constante evolução, com novos projectos e actualizações a serem adicionados ao longo do tempo.

1.11 MÓDULOS PRINCIPAIS DO HADOOP

Os módulos principais do Hadoop referem-se aos componentes fundamentais que constituem a estrutura do Hadoop. Estes módulos fornecem as funcionalidades básicas para o armazenamento distribuído e o processamento de dados. Os dois módulos principais do Hadoop são:

1. Sistema de ficheiros distribuídos Hadoop (HDFS):

O HDFS é o sistema de ficheiros distribuído utilizado pelo Hadoop para armazenar e gerir grandes conjuntos de dados em várias máquinas. Foi concebido para lidar com grandes quantidades de dados e proporciona tolerância a falhas através da replicação de blocos de dados em vários nós do cluster. As principais características do HDFS incluem:

- Blocos de dados: Os arquivos no HDFS são divididos em blocos de tamanho fixo (normalmente 128 MB ou 256 MB). Esses blocos são distribuídos entre os DataNodes no cluster.

- Replicação de dados: Cada bloco no HDFS é replicado várias vezes para garantir a fiabilidade dos dados. O fator de replicação predefinido é normalmente três, o que significa que cada bloco é replicado em três nós diferentes.

- NameNode e DataNode: A arquitetura do HDFS consiste em dois tipos de nós - o NameNode e o DataNode. O NameNode armazena metadados sobre o sistema de ficheiros, como a localização dos blocos de dados, enquanto os DataNodes armazenam os blocos de dados reais.

- Localidade dos dados: O HDFS tem como objetivo processar os dados no mesmo nó onde estão armazenados para minimizar o movimento dos dados e melhorar o desempenho. Este conceito é conhecido como localidade de dados.

2. MapReduce:

O MapReduce é um modelo de programação e um motor de processamento que permite aos utilizadores escrever tarefas de processamento de dados distribuídos para o Hadoop. A estrutura MapReduce divide as tarefas de processamento de dados em duas fases - Map e Reduce - para efetuar um processamento paralelo. As principais características do MapReduce são:

- Fase de mapeamento: Nesta fase, os dados são processados e transformados em pares chave-valor intermédios. Cada Mapper processa uma parte dos dados de entrada de forma independente.

- Embaralhar e ordenar: Após a fase de mapeamento, a estrutura executa uma etapa de baralhamento e ordenação para agrupar dados com base em chaves para preparar a fase de redução.

- Fase de redução: Nesta fase, os dados processados são agregados e a saída final é gerada. Cada Reducer processa um subconjunto dos dados intermédios gerados na fase Map.

- Tolerância a falhas: O MapReduce assegura a tolerância a falhas, reexecutando as tarefas falhadas noutros nós disponíveis no cluster.

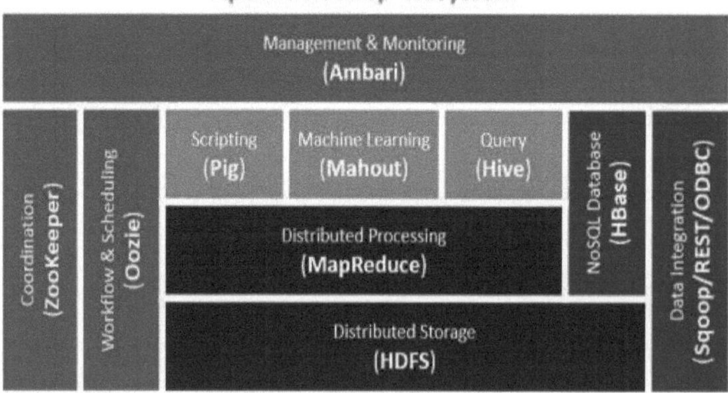

É importante notar que, embora o HDFS e o MapReduce fossem os componentes principais das primeiras versões do Hadoop, o ecossistema evoluiu ao longo do tempo para incluir módulos e tecnologias adicionais que alargam as capacidades do Hadoop. Muitos dos componentes do ecossistema Hadoop, conforme mencionado na resposta anterior, baseiam-se ou integram-se nesses módulos principais para fornecer uma plataforma abrangente de processamento e análise de Big Data.

1.12 HADOOP MAPREDUCE

O Hadoop MapReduce é um modelo de programação e um motor de processamento utilizado para o processamento distribuído de dados em grandes clusters de hardware de base. É um componente central da estrutura Apache Hadoop, que é amplamente utilizada para processamento e análise de grandes volumes de dados. O MapReduce permite aos programadores escrever aplicações de processamento paralelo que podem processar eficientemente grandes quantidades de dados de uma forma escalável e tolerante a falhas.

O modelo de programação MapReduce consiste em duas etapas principais: a fase Map e a fase Reduce.

1. Fase do mapa:

- Os dados de entrada são divididos em parcelas mais pequenas denominadas "parcelas de entrada".

- A fase Map aplica uma função "Map" definida pelo utilizador a cada Input Split independentemente, produzindo um conjunto de pares chave-valor intermédios.

- A função Map processa os dados em paralelo em vários nós do cluster Hadoop.

2. Baralhar e ordenar:

- Após a fase Map, os pares de valores-chave intermédios são baralhados e ordenados com base nas suas chaves para preparar a fase Reduce.

- Isto garante que todos os valores com a mesma chave são agrupados.

3. Reduzir a fase:

- A fase Reduzir aplica uma função "Reduzir" definida pelo utilizador aos pares de valores-chave intermédios ordenados.

- A função Reduzir processa os dados para cada chave única, agregando ou transformando os valores associados a essa chave.

- A saída da função Reduzir é normalmente um conjunto de pares de valores chave que representam o resultado final da tarefa MapReduce.

A estrutura Hadoop MapReduce trata de vários aspectos do processamento distribuído de dados, como o agendamento de tarefas, a tolerância a falhas, a otimização da localidade dos dados e a coordenação de tarefas em todo o cluster. Paraleliza automaticamente o processamento de dados e tira partido das capacidades de armazenamento distribuído do Sistema de Ficheiros Distribuídos Hadoop (HDFS).

O MapReduce é particularmente adequado para tarefas de processamento em lote, como a análise de registos, a limpeza de dados, a transformação de dados e o processamento de dados em grande escala que podem ser divididos em tarefas independentes que podem ser executadas em paralelo.

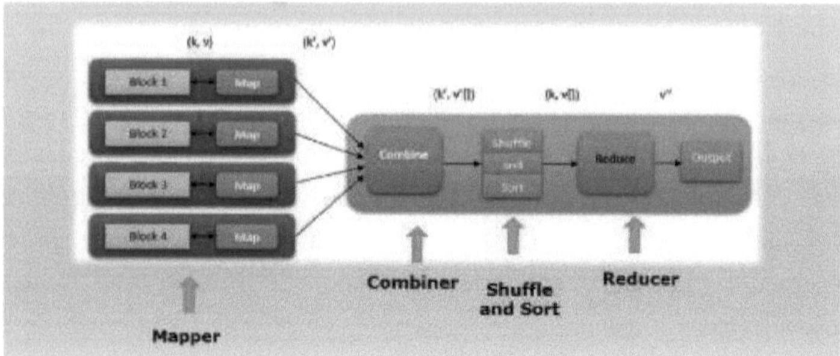

É de salientar que, embora o MapReduce tenha sido revolucionário para o processamento de grandes volumes de dados, as novas estruturas de processamento de dados, como o Apache Spark, ganharam popularidade devido ao seu melhor desempenho e suporte para modelos de processamento adicionais, como algoritmos de fluxo contínuo e iterativos. No entanto, o MapReduce continua a ser um conceito essencial e fundamental no domínio da computação distribuída e do processamento de grandes volumes de dados.

1.13 FIO HADOOP

O Apache Hadoop YARN (Yet Another Resource Negotiator) é um componente central do ecossistema Hadoop. O YARN é uma camada de gestão de recursos que gere eficazmente os recursos e agenda tarefas num cluster Hadoop, permitindo o processamento de dados em grande escala de forma distribuída e escalável.

O YARN foi introduzido no Hadoop 2.x como uma melhoria significativa em relação à versão anterior do Hadoop 1.x, que tinha um modelo de gestão de recursos limitado conhecido como Hadoop MapReduce versão 1 (MRv1).

As principais características e componentes do Apache Hadoop YARN incluem:

1. Gestão de recursos: O YARN permite a atribuição dinâmica de recursos a aplicações executadas no cluster Hadoop. Ele gerencia CPU, memória e outros recursos de forma eficiente entre vários aplicativos.

2. Gerenciador de nós (NM): O Node Manager é executado em cada nó do cluster Hadoop e é responsável pela gestão de recursos e contentores nesse

nó. Recebe pedidos de recursos do Application Master e supervisiona a execução de tarefas.

3. Mestre de Aplicação (AM): O Application Master é um processo mestre específico da estrutura que negoceia recursos do Gestor de Recursos e gere a execução de tarefas específicas da aplicação. Cada aplicação em execução no cluster tem o seu próprio Application Master.

4. Gestor de recursos (RM): O Gestor de Recursos é o componente central do YARN e é responsável pela atribuição e gestão geral de recursos no cluster. Ele rastreia a disponibilidade de recursos, lida com solicitações de recursos do Application Masters e garante a utilização eficiente dos recursos.

5. Contêineres: Os contêineres são as unidades básicas de alocação de recursos no YARN. Eles encapsulam os recursos de CPU e memória necessários para executar uma tarefa ou componente específico de um aplicativo.

6. Agendadores: O YARN suporta agendadores conectáveis que controlam a atribuição de recursos a diferentes aplicações. O agendador predefinido é o CapacityScheduler, que fornece um ambiente multi-tenant com partilha justa de recursos. Outros agendadores, como o FairScheduler, também estão disponíveis, dependendo das necessidades específicas do cluster.

7. Alta disponibilidade: O YARN suporta alta disponibilidade através de failover automático do Gerenciador de Recursos. Isto garante que o cluster continua a funcionar mesmo que o Gestor de Recursos ativo falhe.

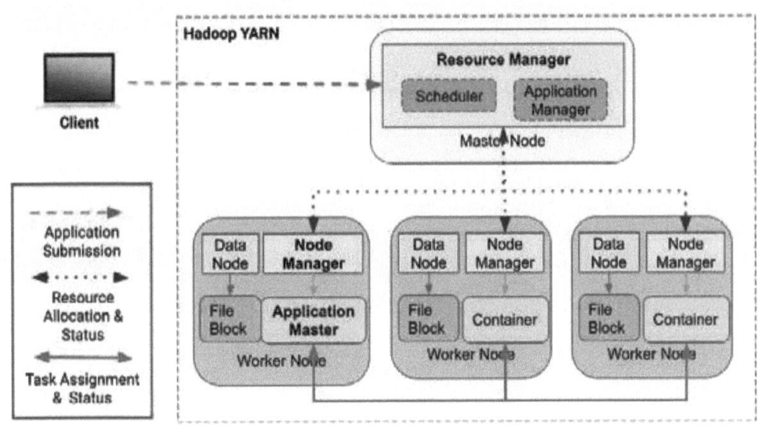

Com o YARN, o Hadoop torna-se uma plataforma mais versátil e extensível, permitindo que várias estruturas de processamento de dados, como o Apache Spark, o Apache Flink, o Apache Hive e outras, coexistam e partilhem recursos de forma eficiente no mesmo cluster Hadoop. Isto facilita a criação de pipelines de processamento de dados complexos que podem combinar diferentes modelos de processamento, incluindo o processamento em lote, a consulta interactiva e o fluxo em tempo real. O YARN desempenhou um papel crucial na transformação do Hadoop numa plataforma mais madura e poderosa para o processamento e a análise de grandes volumes de dados.

PERGUNTAS

1. Explicar o conceito de Big Data Analytics e a sua importância nas aplicações modernas baseadas em dados.

2. Descrever os elementos técnicos de uma plataforma de megadados e a forma como facilitam a análise de dados.

3. Discutir os componentes de um conjunto de ferramentas analíticas, destacando o seu papel no processamento e extração de conhecimentos a partir de grandes conjuntos de dados.

4. Como é que a computação distribuída e paralela permite um processamento de dados eficiente para a análise de grandes volumes de dados?

5. Como é que a computação em nuvem enfrenta os desafios associados a grandes volumes de dados e cargas de trabalho variáveis?

6. Explicar o conceito de computação em memória e as suas vantagens em relação ao armazenamento e processamento tradicionais baseados em disco. Como é que a computação em memória melhora o desempenho de tarefas com utilização intensiva de dados no contexto da análise de grandes volumes de dados?

7. Fornecer uma visão geral abrangente dos fundamentos do Hadoop, destacando a sua importância no tratamento do processamento e armazenamento de dados em grande escala.

8. Explicar os principais componentes do ecossistema Hadoop e como eles complementam os módulos principais do Hadoop.

9. Descrever os módulos principais do Hadoop, incluindo as suas funcionalidades e papéis na estrutura geral do Hadoop.

10. Comparar e contrastar o Hadoop MapReduce e o Hadoop YARN, detalhando as suas contribuições individuais para o processamento de dados distribuídos no Hadoop.

## CAPÍTULO II

PROCESSAMENTO E ANÁLISE DE DADOS COM UNIX E HADOOP

A secção centra-se em vários aspectos do processamento e análise de dados em ambientes Hadoop. Começa com uma exploração de ferramentas de análise usando utilitários Unix e Hadoop, seguida de técnicas para escalonar o processamento de dados usando funções combinadoras. O streaming do Hadoop é então examinado como um método para o processamento eficiente de dados. Os tópicos subsequentes aprofundam os componentes essenciais, como o Hadoop Distributed File System (HDFS), a integração da interface Java, o agendamento de tarefas e a integridade dos dados. Além disso, são abordadas as estruturas de dados baseadas em ficheiros e o processo de desenvolvimento de aplicações MapReduce. Em geral, esta secção fornece uma compreensão abrangente das principais funcionalidades e melhores práticas para o processamento eficaz de dados em ecossistemas Hadoop.

2.1 ANALISAR FERRAMENTAS COM FERRAMENTAS UNIX E HADOOP

Analisar dados usando uma combinação de ferramentas UNIX e Hadoop pode ser uma abordagem poderosa para lidar e processar conjuntos de dados em grande escala. Tanto as ferramentas UNIX como o Hadoop têm os seus próprios pontos fortes, e a sua combinação pode ajudá-lo a manipular e analisar dados de forma eficiente. Vamos analisar cada componente e explicar como eles funcionam juntos em detalhes.

1. Ferramentas UNIX:

As ferramentas UNIX são um conjunto de utilitários de linha de comando disponíveis em sistemas operativos do tipo UNIX (incluindo Linux e macOS). Essas ferramentas são projetadas para executar tarefas simples e específicas, mas quando combinadas usando pipes e redirecionamento, podem formar pipelines de processamento de dados complexos. Algumas ferramentas UNIX comumente usadas para processamento de dados são:

- 'grep': Procura por padrões em ficheiros de texto.
- 'sed': Editor de fluxo para efetuar transformações básicas de texto.
- 'awk': Linguagem de processamento de texto para correspondência de padrões e extração de dados.
- 'cut': Remove secções de cada linha dos ficheiros.
- 'sort': Ordena as linhas dos ficheiros de texto.
- 'uniq': Filtra as linhas duplicadas dos dados ordenados.
- 'wc': Conta o número de linhas, palavras e caracteres nos ficheiros.

- 'tr': Traduz ou elimina caracteres da entrada.
- 'head' e 'tail': Mostra o início ou o fim dos ficheiros.
- 'find': Procura ficheiros e directórios com base em vários critérios.

Estas ferramentas são excelentes no tratamento de dados de texto estruturados e não estruturados, o que as torna inestimáveis para o pré-processamento e a manipulação de dados.

2. Hadoop:

O Hadoop é uma estrutura de código aberto concebida para o armazenamento e processamento distribuídos de grandes conjuntos de dados em clusters de computadores. É constituído por dois componentes principais:

- Sistema de ficheiros distribuídos Hadoop (HDFS): Um sistema de ficheiros distribuído que pode armazenar grandes quantidades de dados em várias máquinas. Proporciona tolerância a falhas e elevada disponibilidade através da replicação de blocos de dados em todo o cluster.
- MapReduce: Um modelo de programação e um mecanismo de processamento para computação paralela. Divide as tarefas em subtarefas mais pequenas que podem ser processadas de forma independente no cluster e, em seguida, agrega os resultados.
- Hive: Uma linguagem de consulta semelhante a SQL e de armazenamento de dados para analisar grandes conjuntos de dados armazenados no Hadoop.
- Pig: Uma plataforma de alto nível para criar programas MapReduce usando uma linguagem de script.
- Spark: Um sistema de computação em cluster rápido e de uso geral que pode processar dados na memória e suporta várias tarefas de processamento de dados.

Ferramentas de análise com ferramentas UNIX e Hadoop:

A combinação de ferramentas UNIX e Hadoop pode ser altamente eficaz para a análise de dados. Eis como as pode utilizar em conjunto:

1. Pré-processamento de dados:

- É possível utilizar ferramentas UNIX para limpar, formatar e pré-processar ficheiros de dados brutos. Por exemplo, pode utilizar o 'grep' para filtrar registos relevantes, o 'awk' para extrair colunas específicas e o 'sed' para limpar o texto.

2. Ingestão de dados:

- O HDFS do Hadoop pode armazenar os dados pré-processados. Pode utilizar as ferramentas de linha de comandos do Hadoop para mover dados para dentro e para fora do HDFS. As ferramentas UNIX como "scp" ou "rsync" podem ser utilizadas para transferir dados de e para o cluster Hadoop.

3. Processamento distribuído:

- Utilize o MapReduce do Hadoop ou outras estruturas de processamento como o Spark para efetuar cálculos distribuídos nos dados. Estas estruturas distribuem automaticamente as tarefas pelos nós do cluster, tornando-as adequadas para o processamento em grande escala.

4. Análise de dados:

- Após o processamento, pode utilizar novamente as ferramentas UNIX para filtrar, ordenar e agregar os dados de saída. Por exemplo, pode ordenar os resultados utilizando 'sort' e depois extrair informações específicas utilizando 'awk'.

5. Visualização e criação de relatórios:

- É possível usar bibliotecas de visualização de dados como Matplotlib, Plotly ou D3.js para criar gráficos e diagramas a partir dos dados analisados. Esta etapa pode não envolver diretamente as ferramentas UNIX, mas é uma parte essencial do processo geral de análise.

Em resumo, as ferramentas UNIX e o Hadoop complementam-se no processo de análise de dados. As ferramentas UNIX são excelentes para pré-processamento de dados, manipulação de texto e análise básica, enquanto o Hadoop fornece uma plataforma de computação distribuída para lidar com tarefas de processamento de dados em grande escala. Ao combinar os pontos fortes de ambos, pode analisar e obter informações de forma eficiente a partir de conjuntos de dados maciços.

2.2 ESCALONAMENTO - FUNÇÕES COMBINADORAS DE FLUXO DE DADOS

O escalonamento no contexto do processamento de dados refere-se à capacidade de tratar e processar volumes maiores de dados, distribuindo o trabalho por vários recursos de computação. As funções combinadoras desempenham um papel crucial na obtenção de um fluxo de dados e escalabilidade eficientes, especialmente em estruturas de processamento distribuído como o MapReduce do Hadoop. Vamos mergulhar no conceito de funções combinadoras e como elas contribuem para o escalonamento do processamento de dados.

Funções combinadoras:

Uma função combinadora, também conhecida como "mini-redutor" ou "redutor local", é uma operação especializada aplicada na fase de mapa de um trabalho MapReduce. O seu objetivo principal é reduzir a quantidade de dados que precisam de ser transferidos entre as fases map e reduce, melhorando assim a eficiência do pipeline de processamento de dados global. Os combinadores são componentes opcionais e nem todos os trabalhos

MapReduce os requerem. Eles são particularmente benéficos quando:

1. Os dados de saída do mapa são grandes e a sua transferência através da rede para os redutores consome muitos recursos.

2. A operação Reduzir é associativa e comutativa, o que significa que a ordem de processamento e combinação dos dados não afecta o resultado final.

Como funcionam os combinadores:

Quando uma tarefa MapReduce é executada, a fase de mapa processa os dados de entrada e gera pares de valores-chave intermédios. Estes pares são depois ordenados e agrupados por chave antes de serem enviados para a fase de redução. A fase de redução processa cada grupo de valores associados a uma determinada chave.

Os combinadores operam localmente na saída de cada tarefa de mapa antes de os dados serem enviados através da rede para os redutores. Eles realizam uma "mini-redução" agregando valores para a mesma chave dentro de uma única tarefa de mapa. Isso reduz a quantidade de dados que precisam ser transferidos para os redutores, minimizando assim o tráfego de rede e melhorando o desempenho geral.

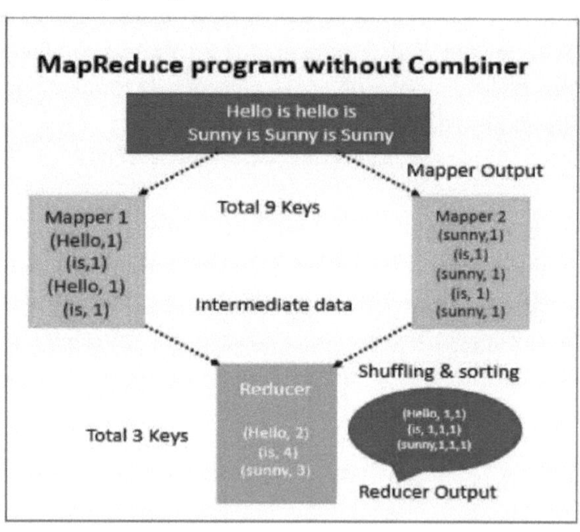

MapReduce program with Combiner

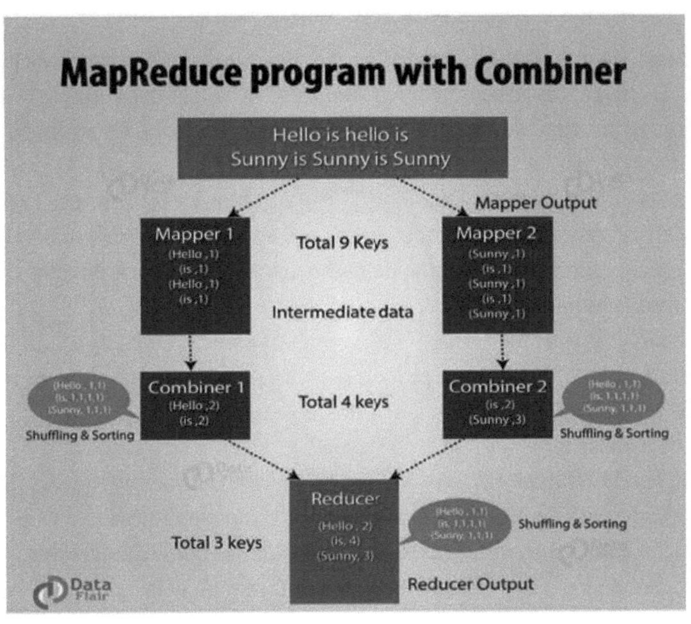

Vantagens das funções combinadoras:

1. Redução da transferência de dados: Ao agregar dados localmente em cada tarefa de mapa, os combinadores reduzem a quantidade de dados que precisam de ser enviados através da rede para os redutores. Esta otimização é particularmente valiosa quando se lida com grandes conjuntos de dados.

2. Processamento mais rápido: Os combinadores podem acelerar significativamente o tempo de processamento global de um trabalho MapReduce, reduzindo o volume de dados transferidos e processados na fase de redução subsequente.

3. Menor tráfego de rede: Os combinadores ajudam a aliviar o congestionamento da rede e a reduzir a pressão sobre os recursos da rede, o que é especialmente importante em ambientes distribuídos.

Casos de utilização:

As funções combinadoras são adequadas para cenários em que a fase de mapeamento gera uma grande quantidade de dados intermédios e a operação de redução é associativa e comutativa. Casos de uso comuns incluem:

- Contagem de palavras: Numa tarefa de contagem de palavras, o combinador pode somar as contagens de palavras para cada palavra dentro de cada tarefa de mapa, reduzindo a quantidade de dados enviados para os redutores.

- Agregação: Ao calcular várias métricas como médias, somas ou contagens, os combinadores podem efetuar a agregação preliminar ao nível da tarefa de mapa.

- Filtragem: Os combinadores podem ser utilizados para efetuar operações de filtragem, em que os dados irrelevantes são removidos no início da cadeia de processamento.

Considerações e limitações:

Embora os combinadores ofereçam benefícios significativos em termos de transferência de dados e velocidade de processamento, eles não são adequados para todos os cenários. Os combinadores devem aderir aos mesmos princípios de idempotência e associatividade que os redutores, e a sua utilização não deve alterar o resultado final do trabalho MapReduce.

Além disso, algumas operações, como encontrar o valor máximo ou mínimo, podem não ser adequadas para combinadores se exigirem consciência global ou uma lógica mais complexa.

Em resumo, as funções combinadoras são uma ferramenta de otimização essencial em estruturas de processamento de dados distribuídas, como o MapReduce do Hadoop. Elas ajudam a reduzir a transferência de dados e a melhorar a velocidade de processamento, realizando agregações parciais no nível da tarefa de mapa. Quando utilizados adequadamente, os combinadores contribuem para o escalonamento eficiente dos trabalhos de processamento de dados, optimizando o fluxo de dados no pipeline.

2.3 STREAMING DO HADOOP

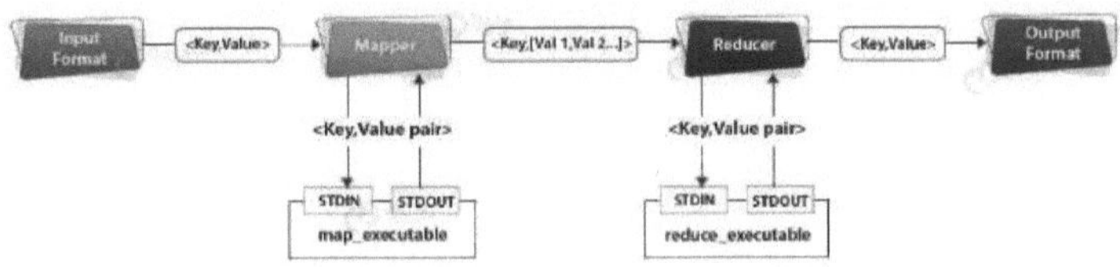

O Hadoop Streaming é um utilitário que permite criar e executar trabalhos MapReduce com qualquer executável ou script como mapeador e/ou redutor. Faz parte do ecossistema Hadoop, que é uma estrutura de código aberto concebida para processar e analisar grandes conjuntos de dados num cluster de computação distribuída.

No contexto do Hadoop Streaming, uma tarefa MapReduce é uma forma de processar e analisar dados em paralelo num cluster de computadores. A tarefa é dividida em duas fases principais:

1. Fase de mapeamento: Nesta fase, os dados de entrada são divididos em partes, e cada parte é processada independentemente por várias tarefas de mapeamento. As tarefas de mapeamento lêem os dados de entrada, aplicam um script ou executável definido pelo utilizador a cada registo e emitem um conjunto de pares chave-valor como saída intermédia.

2. Fase de redução: Os pares chave-valor intermédios emitidos pelos mapeadores são baralhados, ordenados e agrupados por chave antes de serem passados para as tarefas redutoras. As tarefas redutoras processam então estes valores agrupados e efectuam operações de agregação sobre eles, gerando o resultado final.

O Hadoop Streaming permite-lhe utilizar qualquer linguagem de programação que possa ler a partir da entrada padrão e escrever na saída padrão para implementar a lógica do mapeador e do redutor. Isto torna-o flexível e versátil, uma vez que não está limitado a escrever tarefas MapReduce em Java (que é a linguagem nativa do Hadoop).

Eis um exemplo básico de como pode utilizar o Hadoop Streaming com um simples script Python: '''bash
jar do hadoop /path/to/hadoop-streaming.jar \
-entrada /entrada/caminho \
-output /output/path \
-mapper /caminho/para/mapper.py \

-reducer /caminho/para/reducer.py '"

Neste exemplo, 'mapper.py' e 'reducer.py' são scripts Python fornecidos por si. O ficheiro jar do Hadoop Streaming ('hadoop-streaming.jar') é utilizado para lançar a tarefa MapReduce e o utilizador especifica os caminhos de entrada e saída.

O Streaming do Hadoop fornece uma maneira de aproveitar o poder dos recursos de processamento distribuído do Hadoop ao usar linguagens de script familiares. No entanto, tenha em mente que o Streaming do Hadoop pode ter alguma sobrecarga de desempenho em comparação com implementações nativas em linguagens como Java, especialmente para tarefas de processamento complexas.

2.4 SISTEMA DE FICHEIROS DISTRIBUÍDOS HADOOP

O Hadoop Distributed File System (HDFS) é um componente central do ecossistema Hadoop, concebido para armazenar e gerir ficheiros muito grandes num cluster distribuído de hardware de base. Proporciona uma solução fiável e escalável para o tratamento de grandes conjuntos de dados e é uma das principais razões do sucesso do Hadoop no processamento de grandes volumes de dados.

Principais características e conceitos do HDFS:

1. Armazenamento distribuído: O HDFS divide os ficheiros em blocos (o tamanho de bloco predefinido é normalmente 128 MB ou 256 MB) e distribui estes blocos por vários nós do cluster. Isso permite o processamento paralelo de dados entre os nós.

2. Replicação: O HDFS replica cada bloco de dados várias vezes (o fator de replicação predefinido é normalmente 3) para garantir a tolerância a falhas. Se um nó falhar, outra réplica pode ser usada para servir os dados.

3. Arquitetura mestre-escravo: O HDFS tem uma arquitetura mestre-escravo. Os componentes principais são:

- NameNode: O nó mestre que armazena metadados sobre o sistema de ficheiros, incluindo a hierarquia do espaço de nomes e a localização dos blocos de dados.

- DataNodes: Os nós escravos que armazenam os blocos de dados reais e enviam sinais periódicos de heartbeat para o NameNode.

4. Integridade dos dados: o HDFS garante a integridade dos dados armazenando somas de verificação dos blocos de dados. Verifica periodicamente as somas de verificação e pode reconstruir blocos corrompidos utilizando as réplicas.

5. Modelo Write-Once, Read-Many: O HDFS é optimizado para streaming de dados e processamento em lote em grande escala. Ele permite que os

dados sejam gravados uma vez e lidos várias vezes, o que atende aos requisitos de muitos aplicativos de processamento de big data.

6. Localidade dos dados: O HDFS visa otimizar a localidade dos dados, colocando a computação perto dos dados. Quando um trabalho é agendado, o Hadoop tenta executar tarefas nos nós que contêm os dados relevantes, reduzindo o tráfego de rede e melhorando o desempenho.

7. Alto rendimento: O HDFS foi concebido para um elevado rendimento, o que o torna adequado para processar grandes volumes de dados em paralelo num cluster de máquinas.

8. Comandos do Hadoop: O HDFS fornece um conjunto de utilitários de linha de comandos para interagir com o sistema de ficheiros, como os comandos 'hdfs dfs' para gerir ficheiros, directórios e outras operações.

HDFS Architecture

O HDFS é a pedra angular dos recursos do Hadoop para armazenar e processar big data. Embora seja excelente em determinados casos de utilização, como o processamento em lote e a análise, poderá não ser o mais adequado para todos os tipos de cargas de trabalho, em especial as que requerem um acesso de baixa latência ou pequenas actualizações frequentes. Outros sistemas de arquivos distribuídos, como o Apache HBase ou soluções baseadas em nuvem, podem ser mais adequados para esses casos de uso.

2.5 INTERFACE JAVA PARA HADOOP

Para interagir com o Hadoop a partir de Java, é possível usar a API Java do Hadoop, que fornece classes e interfaces para vários componentes e serviços do Hadoop. Uma forma comum de interagir com o Hadoop é usar o HDFS (Hadoop Distributed File System) e a estrutura MapReduce. Aqui está uma visão geral básica de como é possível usar interfaces Java para trabalhar com o Hadoop:

1. Operações do HDFS:

O HDFS é o sistema de ficheiros distribuído utilizado pelo Hadoop. Pode utilizar o pacote 'org.apache.hadoop.fs' para interagir com o HDFS. Algumas classes e interfaces importantes incluem:

- 'org.apache.hadoop.fs.FileSystem': Representa um sistema de arquivos abstrato e fornece métodos para operações como criar, excluir e listar arquivos e diretórios.

- 'org.apache.hadoop.fs.Path': Representa um caminho de arquivo ou diretório no HDFS.

Exemplo de código para ler um ficheiro do HDFS:

```java
importar org.apache.hadoop.conf.Configuration;
importar org.apache.hadoop.fs.FileSystem;
importar org.apache.hadoop.fs.Path;
public class HDFSExample {
public static void main(String[] args) throws Exception {
Configuração conf = nova Configuração();
FileSystem fs = FileSystem.get(conf);
Path filePath = novo Path ("/caminho/para/seu/ficheiro.txt");
// Ler o conteúdo do ficheiro
try (FSDataInputStream inputStream = fs.open(filePath)) {
// Processar o fluxo de entrada
}
}
} '''
```

2. MapReduce:

O MapReduce é um modelo de programação para processar e gerar grandes conjuntos de dados em paralelo. Pode utilizar o pacote 'org.apache.hadoop.mapreduce' para escrever tarefas MapReduce. As principais interfaces incluem:

- 'org.apache.hadoop.mapreduce.Mapper': Define a fase de mapeamento de um trabalho MapReduce.

- 'org.apache.hadoop.mapreduce.Reducer': Define a fase de redução de um trabalho MapReduce.

- 'org.apache.hadoop.mapreduce.Job': Representa uma configuração de trabalho MapReduce.

Exemplo de código para um trabalho básico do WordCount MapReduce:

```java
importar org.apache.hadoop.conf.Configuration;
importar org.apache.hadoop.fs.Path;
importar org.apache.hadoop.io.IntWritable;
importar org.apache.hadoop.io.Text;
importar org.apache.hadoop.mapreduce.Job;
importar org.apache.hadoop.mapreduce.Mapper;
importar org.apache.hadoop.mapreduce.Reducer;
importar org.apache.hadoop.mapreduce.lib.input.FileInputFormat;
importar org.apache.hadoop.mapreduce.lib.output.FileOutputFormat;
public class WordCount {
public static class TokenizerMapper extends Mapper<Object, Text, Text, IntWritable> {
// Implementação do mapeador
}
public static class IntSumReducer extends Reducer<Text, IntWritable, Text, IntWritable> {
// Implementação do redutor
}
public static void main(String[] args) throws Exception {
Configuração conf = nova Configuração^;
Job job = Job.getInstance(conf, "word count");
// Configurar o trabalho e definir classes
System.exit(job.waitForCompletion(true) ? 0 : 1);
}
}
```

Lembre-se de que estes são exemplos simplificados e que terá de fornecer as implementações específicas para o seu caso de utilização. Além disso, o Hadoop evoluiu e as versões mais recentes podem ter APIs ou recursos diferentes. Certifique-se de que consulta a documentação oficial do Hadoop para a versão que está a utilizar para obter as informações mais precisas e actualizadas.

2.6 PROGRAMAÇÃO DE TRABALHOS

O agendamento de tarefas no Hadoop refere-se ao processo de gestão e execução eficiente de tarefas num cluster Hadoop. A estrutura Hadoop MapReduce tem o seu próprio programador de tarefas incorporado que trata da distribuição e execução de tarefas MapReduce no cluster. No entanto, com o advento de novas ferramentas e estruturas como o Apache YARN (Yet Another Resource Negotiator), as capacidades de programação de tarefas e de gestão de recursos do Hadoop foram significativamente melhoradas.

Eis os principais componentes e conceitos relacionados com o agendamento de tarefas no Hadoop:

1. Agendador de tarefas Hadoop MapReduce:

A estrutura original do Hadoop MapReduce incluía um agendador de tarefas básico que dividia as tarefas em tarefas e as distribuía pelos nós disponíveis no cluster. Era limitado em termos de gestão de recursos e flexibilidade de agendamento.

2. Apache YARN (Yet Another Resource Negotiator):

O Apache YARN é uma estrutura de gestão de recursos e de agendamento de tarefas que substituiu o agendador de tarefas MapReduce original. O YARN permite a partilha e a utilização eficiente de recursos de clusters entre diferentes aplicações. É constituído por dois componentes principais: o ResourceManager e o NodeManager.

- ResourceManager (RM): Gere a atribuição geral de recursos no cluster e agenda as aplicações.

- NodeManager (NM): Gerencia os recursos em um nó específico e monitora o uso de recursos dos contêineres.

3. Políticas de programação de tarefas:

As políticas de agendamento de trabalhos determinam como os recursos são atribuídos a diferentes trabalhos ou tarefas. Diferentes políticas podem otimizar fatores como justiça, taxa de transferência ou localidade de dados. O YARN oferece suporte a várias políticas de agendamento, incluindo:

- CapacityScheduler: Suporta filas hierárquicas com diferentes capacidades e prioridades, garantindo que cada fila recebe uma parte justa dos recursos.

- FairScheduler: Atribui recursos a trabalhos com base na equidade, permitindo que todos os utilizadores e aplicações partilhem os recursos de forma igual.

- Programador FIFO: Programação simples do tipo "primeiro a entrar, primeiro a sair", em que os trabalhos submetidos mais cedo têm maior prioridade.

4. Agendadores personalizados:

O YARN permite-lhe implementar programadores personalizados para adaptar a atribuição de recursos ao seu caso de utilização específico. Esses agendadores personalizados podem ser projetados para otimizar vários fatores, como localidade de dados, prioridade de tarefas ou políticas personalizadas.

5. Priorização de tarefas:

A prioridade do trabalho determina a ordem em que os trabalhos são agendados e os recursos alocados. Os trabalhos com maior prioridade recebem recursos antes dos trabalhos com menor prioridade.

6. Atribuição dinâmica de recursos:

O YARN suporta a atribuição dinâmica de recursos, em que as aplicações podem solicitar recursos adicionais com base nas suas necessidades e libertá-los quando já não são necessários. Isto permite uma utilização eficiente dos recursos e uma melhor utilização do cluster.

7. Contentorização:

No YARN, os trabalhos são divididos em contentores, que são unidades de atribuição de recursos. Os contentores encapsulam tarefas individuais e são executados em nós de cluster. O ResourceManager e o NodeManager gerem coletivamente a atribuição e execução de contentores.

É importante notar que o YARN melhorou significativamente as capacidades de agendamento de tarefas e gestão de recursos em clusters Hadoop. Enquanto o programador de tarefas original da estrutura MapReduce fornecia funcionalidades básicas, o YARN introduziu uma abordagem mais sofisticada e flexível para gerir recursos e programar aplicações num ambiente de cluster multi-tenant.

2.7 HADOOP E/S

A Entrada/Saída (E/S) do Hadoop refere-se à forma como os dados são lidos e escritos no Sistema de Ficheiros Distribuídos do Hadoop (HDFS) ou noutros sistemas de armazenamento num ecossistema Hadoop. O Hadoop é uma estrutura que permite o processamento distribuído de grandes conjuntos de dados em clusters de computadores, e operações de E/S eficientes são cruciais para seu desempenho e escalabilidade. O Hadoop fornece uma variedade de bibliotecas e mecanismos para lidar com operações de E/S, tanto para ler dados no ecossistema Hadoop como para escrever dados fora dele.

Entrada Hadoop:

1. Hadoop MapReduce InputFormat: O Hadoop MapReduce é um modelo de programação e um motor de processamento para o processamento de dados em grande escala. O InputFormat define a forma como os dados são lidos e divididos para processamento por tarefas individuais de mapeamento. Comum

Os formatos de entrada incluem 'TextInputFormat' para ler ficheiros de texto simples, 'SequenceFileInputFormat' para ler pares binários de valores-chave e 'FileInputFormat' que lida com vários formatos de ficheiros.

2. Hive: O Hive é um armazenamento de dados e uma linguagem de consulta do tipo SQL para o Hadoop. Fornece uma abstração de alto nível sobre a infraestrutura do Hadoop e permite aos utilizadores consultar dados utilizando uma sintaxe SQL familiar. O Hive suporta vários formatos de ficheiros e sistemas de armazenamento como fontes de entrada.

3. HBase: O HBase é um banco de dados NoSQL que é executado sobre o HDFS. É adequado para operações de leitura/escrita em tempo real em grandes conjuntos de dados. O HBase tem a sua própria forma de gerir as operações de entrada e saída, adaptada ao seu modelo de armazenamento baseado na família de colunas.

Saída do Hadoop:

1. Hadoop MapReduce OutputFormat: À semelhança dos InputFormats, os OutputFormats definem a forma como os dados são escritos a partir das tarefas do mapeador para a saída final. Os OutputFormats comuns incluem 'TextOutputFormat' para escrever texto simples, 'SequenceFileOutputFormat' para escrever pares binários de valores-chave e 'FileOutputFormat' que lida com vários formatos de saída.

2. Hive: O Hive também suporta vários OutputFormats para escrever resultados de consultas ou transformações de dados no HDFS ou noutros sistemas de armazenamento.

3. HBase: O HBase tem sua própria maneira de gerenciar o armazenamento de dados, que envolve o gerenciamento do armazenamento de dados baseado em família de colunas no HDFS. Escrever no HBase envolve o uso de sua API para colocar os dados nas famílias de colunas apropriadas.

4. HDFS: Embora não seja específico das tarefas MapReduce, também pode efetuar operações de E/S directas no HDFS utilizando as suas APIs. Isto é útil quando pretende gerir dados fora das tarefas MapReduce ou interagir com o HDFS de forma programática.

Estes são apenas alguns exemplos de como o Hadoop gere as operações de entrada e saída. O ponto principal é que o Hadoop fornece várias abstracções e APIs para leitura e escrita de dados, permitindo-lhe escolher o método adequado com base no seu caso de utilização e requisitos específicos.

2.8 INTEGRIDADE DOS DADOS

A integridade dos dados no contexto do Hadoop, em particular no Sistema de Ficheiros Distribuídos Hadoop (HDFS), visa garantir a exatidão, a consistência e a fiabilidade dos dados armazenados e processados no ecossistema Hadoop. O Hadoop, sendo um sistema distribuído concebido para lidar com grandes quantidades de dados, apresenta alguns desafios e considerações únicos para manter a integridade dos dados. Eis alguns aspectos fundamentais da integridade dos dados no Hadoop:

1. Replicação e perda de dados: O HDFS armazena dados em vários nós de um cluster através da replicação de dados. Cada ficheiro é dividido em blocos e estes blocos são replicados em diferentes nós para tolerância a falhas. Este mecanismo de replicação ajuda a proteger contra a perda de dados devido a falhas de hardware. Garantir que são mantidas réplicas suficientes é crucial para a integridade dos dados.

2. Checksums: O HDFS usa somas de verificação para verificar a integridade dos blocos de dados durante as operações de leitura. Cada bloco tem uma soma de verificação associada, e as somas de verificação são usadas para detetar possíveis erros ou corrupção de dados. Se uma incompatibilidade de soma de verificação for detectada durante uma operação de leitura, o HDFS pode solicitar os dados de outra réplica para garantir a precisão dos dados.

3. Consistência de dados: O Hadoop fornece mecanismos para garantir a consistência dos dados entre os nós do cluster. Quando os dados são gravados, são eventualmente tornados consistentes em todas as réplicas. Esta consistência é essencial para evitar problemas em que diferentes réplicas dos mesmos dados têm valores inconsistentes.

4. Validação de dados: A validação de dados durante a entrada é importante para evitar que dados corrompidos ou incorrectos entrem no sistema. As tarefas MapReduce ou os pipelines de processamento de dados devem incluir verificações e rotinas de validação para garantir que os dados de entrada cumprem o formato e a qualidade esperados.

5. Auditoria de dados: A manutenção de um rasto de auditoria das operações de dados, incluindo escritas, leituras e modificações, ajuda a controlar as alterações e a identificar potenciais problemas de integridade. Os registos de auditoria podem ajudar a identificar acessos não autorizados ou modificações não intencionais.

6. Integridade dos metadados: o NameNode do Hadoop é responsável por manter os metadados sobre os dados armazenados no HDFS. Garantir a integridade desses metadados é crucial para a localização e o acesso precisos aos dados. Backups regulares e replicação dos metadados do NameNode são práticas que contribuem para a integridade dos metadados.

7. Encriptação de dados: A criptografia de dados em repouso e em trânsito ajuda a proteger a integridade dos dados, impedindo o acesso não autorizado ou a adulteração. O Hadoop fornece mecanismos de criptografia de dados para garantir a segurança dos dados durante todo o seu ciclo de vida.

8. Verificações regulares de saúde: A implementação de controlos de saúde

regulares e a monitorização do cluster Hadoop ajudam a identificar potenciais problemas de integridade dos dados, falhas de hardware ou inconsistências na replicação de dados.

9. Backup e recuperação: O estabelecimento de estratégias de backup e recuperação para o cluster Hadoop ajuda a restaurar os dados em caso de falhas catastróficas ou corrupção. As cópias de segurança contribuem para a integridade dos dados, fornecendo um meio de recuperar dados perdidos ou corrompidos.

10. Controlo de acesso: A implementação de controlos de acesso adequados garante que apenas os utilizadores autorizados podem modificar ou aceder aos dados. As modificações não autorizadas podem comprometer a integridade dos dados.

A manutenção da integridade dos dados num ambiente Hadoop requer uma combinação de boas práticas, monitorização e gestão eficaz do cluster. A natureza distribuída do Hadoop introduz desafios e oportunidades para garantir a precisão e a fiabilidade dos dados armazenados e processados no ecossistema.

2.9 ESTRUTURAS DE DADOS BASEADAS EM FICHEIROS

O Hadoop suporta vários formatos de ficheiro que são optimizados para armazenar e processar grandes conjuntos de dados de forma eficiente. Estes formatos têm em conta factores como a compressão, a serialização e o armazenamento em colunas para melhorar o desempenho e reduzir os requisitos de armazenamento. Aqui estão alguns dos formatos de arquivo do Hadoop comumente usados:

1. SequenceFile:

- Um formato de ficheiro binário optimizado para armazenar pares chave-valor.

- Suporta vários codecs de compressão para reduzir o espaço de armazenamento.

- Útil para armazenar dados intermédios entre as fases Map e Reduce.

- Fornece um "marcador de sincronização" para facilitar a divisão para processamento paralelo.

2. Avro:

- Uma estrutura de serialização de dados que também inclui um formato de ficheiro.

- Suporta a evolução do esquema, permitindo que dados com diferentes esquemas sejam armazenados em conjunto.

- Formato binário compacto que inclui informações sobre o esquema.

- Ideal para casos de utilização em que os esquemas de dados podem evoluir ao longo do tempo.

3. Parquet:

- Um formato de armazenamento colunar concebido para cargas de trabalho analíticas.

- Armazena dados de forma colunar, melhorando a compressão e o desempenho da consulta.

- Suporta a evolução do esquema e estruturas de dados aninhadas.

- Optimizado para utilização com o Hadoop e outras estruturas de processamento de grandes volumes de dados.

4. ORC (Optimized Row Columnar):

- Outro formato de armazenamento colunar especificamente concebido para o Hadoop.

- Oferece taxas de compressão elevadas e leitura rápida.

- Suporta o predicado pushdown (filtragem de dados no momento da leitura) para reduzir as E/S.

- Adequado para cargas de trabalho analíticas e de armazenamento de dados.

5. Ficheiro de texto:

- Um formato simples baseado em texto que armazena dados como texto simples.

- Cada linha do ficheiro representa um registo.

- Embora não seja o formato mais eficiente em termos de espaço, é legível por humanos e amplamente compatível.

6. RCFile (Record Columnar File):

- Um formato baseado em linhas que também armazena dados de forma colunar.

- Optimizado para utilização com o Hive, uma ferramenta de armazenamento de dados para o Hadoop.

- Eficiente para consultas que envolvem um subconjunto de colunas.

7. Formatos JSON e XML:

- Trata-se de formatos baseados em texto que armazenam dados em sintaxe JSON ou XML.

- São legíveis por humanos e adequados para dados semi-estruturados, mas podem ser menos eficientes em termos de espaço do que os formatos binários.

8. BSON (Binary JSON):

- Um formato de serialização binária que estende o JSON com tipos de dados adicionais.

- Adequado para armazenar estruturas de dados complexas.

É importante escolher o formato de ficheiro correto com base na natureza dos seus dados e no tipo de processamento que pretende efetuar. Os formatos colunares, como o Parquet e o ORC, são excelentes opções para consultas analíticas devido às suas vantagens de compressão e de armazenamento em colunas. O Avro é útil quando a evolução do esquema é uma preocupação. O SequenceFile é frequentemente utilizado para armazenamento de dados intermédios, enquanto o TextFile é mais adequado para casos de utilização mais simples ou quando a legibilidade humana é importante.

Em última análise, a escolha do formato de ficheiro pode afetar significativamente a eficiência do armazenamento, o desempenho do processamento e a facilidade de manipulação de dados no ecossistema Hadoop.

2.10 DESENVOLVIMENTO DE UMA APLICAÇÃO MAPREDUCE

Aqui está um exemplo simples de um programa MapReduce escrito em Python usando as funções 'map()' e 'reduce()'. Este programa calcula a soma dos quadrados de uma lista de números:

```python
'''python
from functools import reduce
#   Função do mapa: Elevar ao quadrado cada número da lista
def map_function(numbers):
return list(map(lambda x: x**2, numbers))
#   Função de redução: Soma de todos os números ao quadrado
def reduzir_função(números_quadrados):
return reduce(lambda x, y: x + y, números_quadrados)
    ifname==      "       principal      ":
#   Lista de números de entrada input_numbers = [1, 2, 3, 4, 5]
#   Passo do mapa: Elevar ao quadrado cada número da lista
números_quadrados = função_mapa(números_entrada)
#   Passo de redução: Somar todos os números ao quadrado result =
reduce_function(squared_numbers)
print("Números de entrada:", números_de_entrada)
print("Números      quadrados:",      números_quadrados)      print("Soma      dos
quadrados:", resultado) '''
Saída: '''
Números de entrada: [1, 2, 3, 4, 5]
Números quadrados: [1, 4, 9, 16, 25]
Soma dos quadrados: 55 '''
```

Neste exemplo:

1. A função 'map_function' recebe uma lista de números e eleva cada

número ao quadrado utilizando a função 'map()'.

2. A função "reduce_function" pega na lista de números ao quadrado e calcula a sua soma utilizando a função "reduce()".

3. A função principal aplica estes passos à lista de entrada '[1, 2, 3, 4, 5]' e imprime os números de entrada, os seus quadrados e a soma dos seus quadrados.

PERGUNTAS

1. Como pode utilizar ferramentas UNIX como "grep", "sed" e "awk" para pré-processar dados antes de os introduzir no Hadoop?

2. Explicar as vantagens de utilizar o processamento distribuído do Hadoop em relação às ferramentas UNIX tradicionais para analisar grandes conjuntos de dados.

3. Comparar e contrastar a escalabilidade das ferramentas UNIX e Hadoop ao lidar com grandes quantidades de dados.

4. O que é uma função combinadora no contexto do Hadoop MapReduce? Como é que contribui para reduzir a transferência de dados e melhorar o desempenho?

5. Explicar como as funções combinadoras podem ajudar a escalar os trabalhos MapReduce, reduzindo o volume de dados intermédios.

6. O que é o Hadoop Streaming? Como é que permite que programas não-Java sejam utilizados como mapeadores e redutores?

7. Dê um exemplo de como pode utilizar o Hadoop Streaming para processar dados utilizando scripts escritos em Python ou Ruby.

8. Descrever as principais características do HDFS (Hadoop Distributed File System) que o tornam adequado para armazenar e gerir grandes conjuntos de dados.

9. Explicar como é que o HDFS consegue tolerância a falhas e replicação de dados num ambiente distribuído.

10. Comparar as vantagens e limitações da utilização do HDFS em relação a um sistema de ficheiros local para armazenar e gerir grandes conjuntos de dados.

11. Qual é a importância da interface Java Hadoop no ecossistema Hadoop? Como é que ela fornece uma API de alto nível para trabalhos Hadoop?

12. Como é que a Interface Hadoop Java permite aos programadores interagir com o Sistema de Ficheiros Distribuídos Hadoop (HDFS) de forma programática?

13. Explicar o papel do YARN na gestão de recursos do Hadoop. Como é que o YARN atribui recursos a diferentes aplicações num cluster?

14. Quais são as vantagens do YARN em relação à estrutura clássica do

MapReduce para o agendamento de tarefas e a utilização de recursos?

15. Descreva o processo de agendamento de tarefas no Hadoop. Como o agendador do Hadoop atribui recursos a diferentes tarefas dentro de um trabalho?

16. Discuta os benefícios da atribuição dinâmica de recursos no processo de programação de trabalhos do Hadoop.

17. Como a E/S do Hadoop permite a leitura e a gravação eficientes de dados? Quais são alguns formatos incorporados para serialização no Hadoop?

18. Descrever como o Hadoop garante a integridade dos dados usando replicação e somas de verificação no HDFS.

19. Explicar como o Hadoop lida com cenários de corrupção de dados e mantém a fiabilidade dos dados num ambiente distribuído.

20. Descrever as etapas envolvidas no desenvolvimento de uma aplicação MapReduce no Hadoop.

21. Forneça um exemplo de um problema do mundo real que poderia ser resolvido utilizando uma aplicação MapReduce personalizada. Descreva as funções map e reduce neste contexto.

## CAPÍTULO III

CONFIGURAÇÃO DOS COMPONENTES DO ECOSSISTEMA HADOOP

A secção abrange aspectos essenciais da configuração dos componentes do ecossistema Hadoop. Começa com a criação de um cluster do Hadoop e a configuração do Hadoop e do YARN. Posteriormente, introduz o Pig, uma plataforma de alto nível para processamento paralelo, e orienta a sua instalação e execução. A secção explora então o Hive, uma infraestrutura de data warehouse, juntamente com o seu processo de instalação e linguagem de consulta, HiveQL. Além disso, fornece uma introdução ao Zookeeper, um serviço centralizado para manter informações de configuração e sincronização. A secção conclui com instruções sobre a instalação e execução do Zookeeper, contribuindo para uma compreensão abrangente da configuração de componentes essenciais no ecossistema Hadoop.

3.1 CONFIGURAÇÃO DE UM CLUSTER HADOOP / CONFIGURAÇÃO HADOOP / YARN

1. Pré-requisitos

Primeiro, precisamos de nos certificar de que os seguintes pré-requisitos estão instalados:

1. Ambiente de tempo de execução do Java 8 (JRE): O Hadoop 3 requer uma instalação do Java 8. Eu prefiro usar o instalador offline.

2. Kit de desenvolvimento Java 8 (JDK)

3. Para descompactar os binários Hadoop descarregados, devemos instalar o 7zip.

4. Vou criar uma pasta "E:\hadoop-env" na minha máquina local para armazenar os ficheiros transferidos.

2. Descarregar os binários do Hadoop

O primeiro passo é descarregar os binários do Hadoop a partir do sítio Web oficial. O tamanho do pacote binário é de cerca de 342 MB.

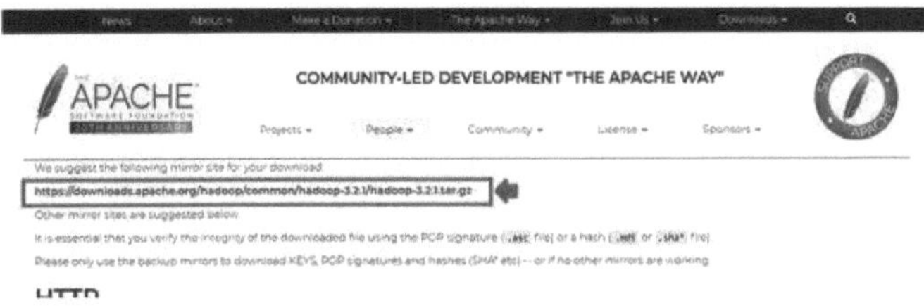

Figure 1   - Ligação para descarregar os binários Hadoop

Após terminar o download do arquivo, devemos descompactar o pacote usando o 7zip em duas etapas. Primeiro, devemos extrair a biblioteca hadoop-3.2.1.tar.gz, e depois, devemos descompactar o ficheiro tar extraído:

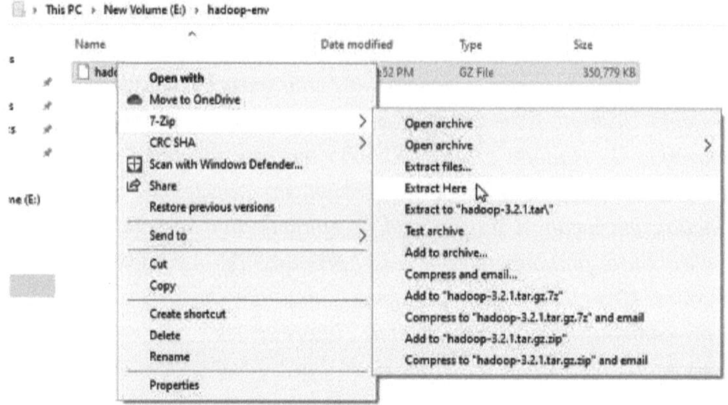

Figure 2   - Extraindo o pacote hadoop-3.2.1.tar.gz usando 7zip

Name	Date modified	Type	Size
hadoop-3.2.1.tar	9/10/2019 8:11 PM	TAR File	893,250 KB
hadoop-3.2.1.tar.gz	4/15/2020 8:52 PM	GZ File	350,779 KB

Figure 3   - Arquivo hadoop-3.2.1.tar extraído

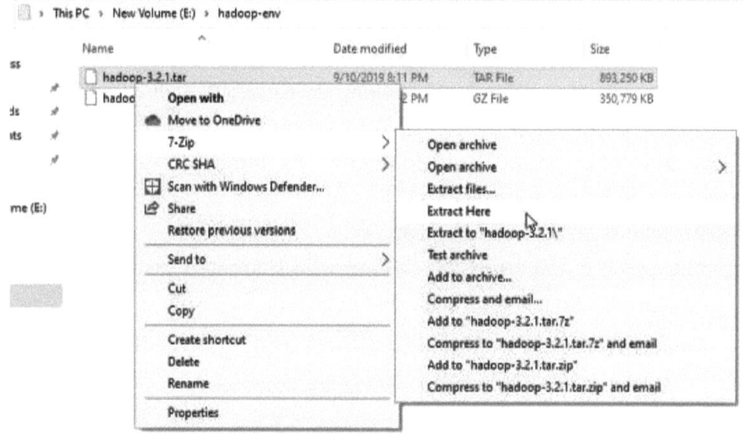

Figure 4   - Extraindo o arquivo hadoop-3.2.1.tar

A extração do ficheiro tar pode demorar alguns minutos a terminar. No final, poderá ver alguns avisos sobre a criação de ligações simbólicas. Ignore esses avisos, pois eles não estão relacionados ao Windows.

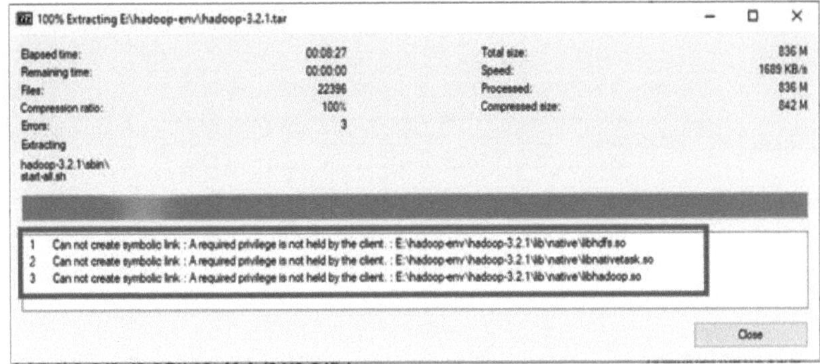

Figura 5 - Avisos de ligação simbólica

Depois de descompactar o pacote, devemos adicionar as bibliotecas de IO nativas do Hadoop, que podem ser encontradas no seguinte repositório do GitHub: https://github.com/cdarlint/winutils.

Uma vez que estamos a instalar o Hadoop 3.2.1, devemos transferir os ficheiros localizados em https://github.com/cdarlint/winutils/tree/master/hadoop-3.2.1/bin e copiá-los para o diretório "hadoop-3.2.1\bin".

3. Configurar variáveis de ambiente

Depois de instalar o Hadoop e seus pré-requisitos, devemos configurar as variáveis de ambiente para definir os caminhos padrão do Hadoop e do Java.

Para editar as variáveis de ambiente, vá a Painel de controlo > Sistema e segurança > Sistema (ou clique com o botão direito do rato > propriedades no ícone O meu computador) e clique na ligação "Definições avançadas do sistema".

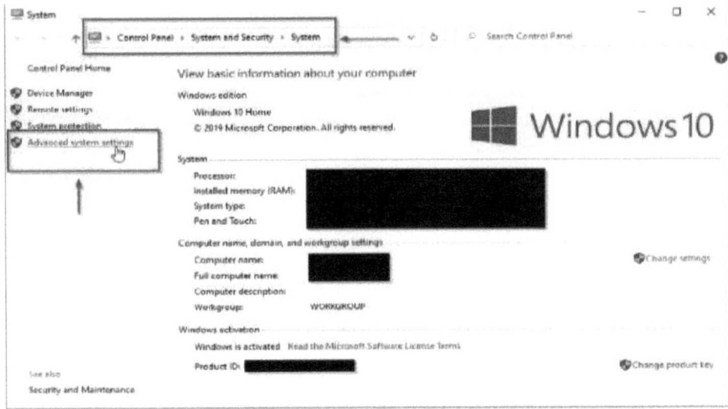

Figura 6 - Abertura das definições avançadas do sistema

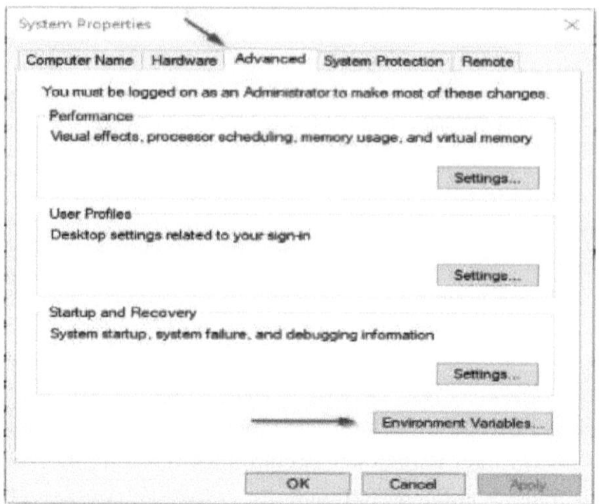

Figura 7 - Diálogo das definições avançadas do sistema

Figura 8 - Adição da variável JAVA_HOME

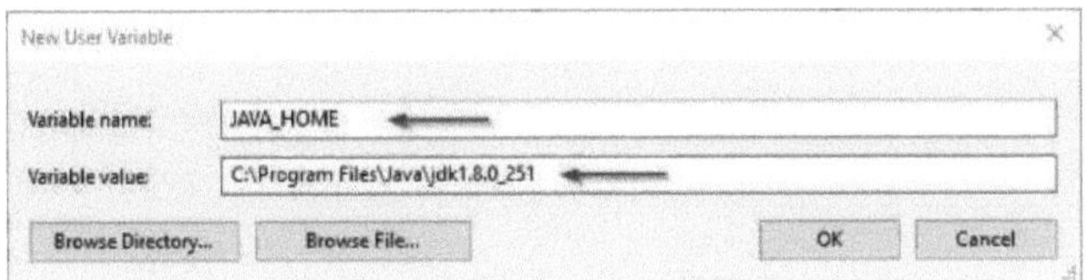

Figura 9 - Adição da variável HADOOP_HOME

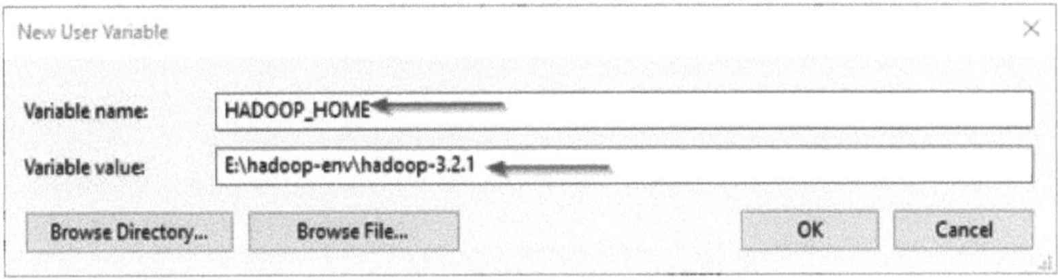

Figura 10 - Edição da variável PATH

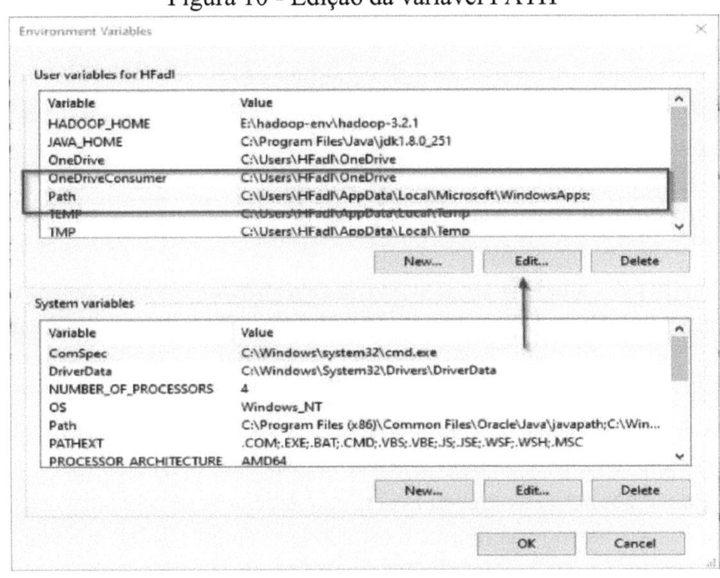

Figura 11 - Edição da variável PATH

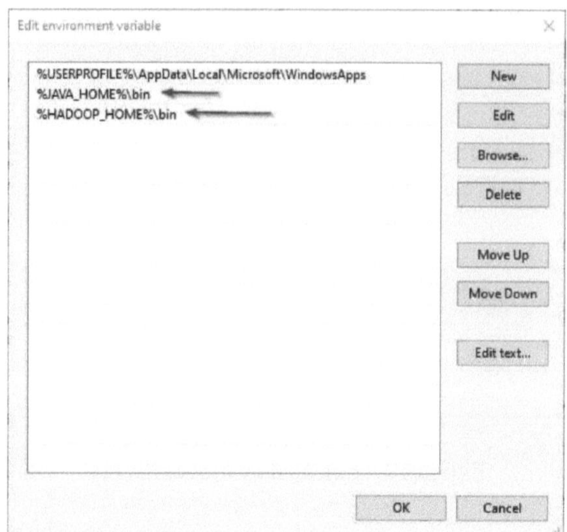

Figura 12- Adição de novos caminhos à variável PATH

Quando aparecer a caixa de diálogo "Definições avançadas do sistema", vá para o separador "Avançadas" e clique no botão "Variáveis de ambiente" localizado na parte inferior da caixa de diálogo.

Na caixa de diálogo "Variáveis de ambiente", prima o botão "Novo" para adicionar uma nova variável.

Nota: neste guia, adicionaremos variáveis de utilizador, uma vez que estamos a configurar o Hadoop para um único utilizador. Se pretender configurar o Hadoop para vários utilizadores, pode definir variáveis de sistema.

Há duas variáveis a definir:

1. JAVA_HOME: Caminho da pasta de instalação do JDK

2. HADOOP_HOME: Caminho da pasta de instalação do Hadoop

Agora, devemos editar a variável PATH para adicionar os caminhos dos binários Java e Hadoop, conforme mostrado nas capturas de tela a seguir.

3.1. O erro JAVA_HOME está incorretamente definido

Agora, vamos abrir o PowerShell e tentar executar o seguinte comando:

hadoop -version

Neste exemplo, como o caminho JAVA_HOME contém espaços, recebi o seguinte erro:

JAVA_HOME está incorretamente definido

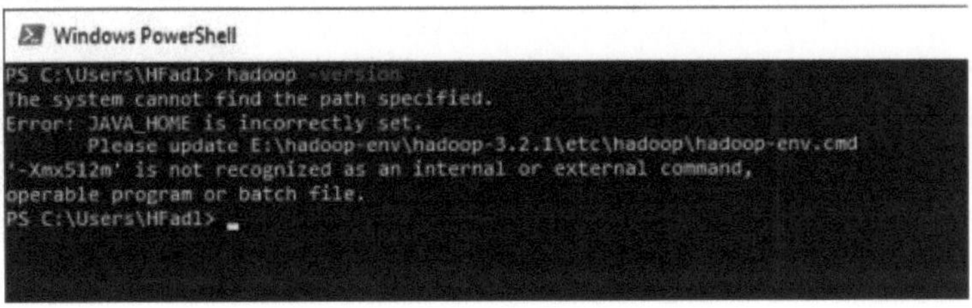

Figura 13 - Erro JAVA_HOME

Para resolver este problema, devemos utilizar o caminho do Windows 8.3.
Como exemplo:

* Utilizar "Progra~1" em vez de "Ficheiros de Programas"
* Utilizar "Progra~2" em vez de "Program Files(x86)"

Depois de substituir "Program Files" por "Progra~1", fechamos e reabrimos o
PowerShell e tentamos o mesmo comando. Conforme mostrado na captura de
tela abaixo, ele é executado sem erros.

Figura 14 - comando hadoop -version executado com sucesso

4. Configuração do cluster Hadoop

Existem quatro ficheiros que devemos alterar para configurar o cluster
Hadoop:

1. %HADOOP_HOME%\etc\hadoop\hdfs-site.xml
2. %HADOOP_HOME%\etc\hadoop\core-site.xml
3. %HADOOP_HOME%\etc\hadoop\mapred-site.xml
4. %HADOOP_HOME%\etc\hadoop\yarn-site.xml

4.1.Configuração do sítio HDFS

Como sabemos, o Hadoop é construído usando um paradigma mestre-
escravo. Antes de alterar o arquivo de configuração do HDFS, devemos criar
um diretório para armazenar todos os dados do nó mestre (nó de nome) e
outro para armazenar os dados (nó de dados). Neste exemplo, criamos os
seguintes diretórios:

* E:\hadoop-env\hadoop-3.2.1\data\dfs\namenode
* E:\hadoop-env\hadoop-3.2.1\data\dfs\datanode

Agora, vamos abrir o arquivo "hdfs-site.xml" localizado no diretório

"%HADOOP_HOME%\etc\hadoop", e devemos adicionar as seguintes propriedades dentro do elemento <configuration></configuration>:
<property>
<nome>dfs.replication</nome>
<valor>1</valor>
</property>
<propriedade>
<name>dfs.namenode.name.dir</name>
<value>file:///E:/hadoop-env/hadoop-3.2.1/data/dfs/namenode</value>
</property>
<propriedade>
<nome>dfs.datanode.data.dir</nome>
<value>file:///E:/hadoop-env/hadoop-3.2.1/data/dfs/datanode</value>
</property>
Note que definimos o fator de replicação para 1, uma vez que estamos a criar um cluster de nó único.
4.2.Configuração do sítio principal
Agora, devemos configurar o URL do nó name adicionando o seguinte código XML no elemento <configuration></configuration> dentro de "core-site.xml": <property>
<name>fs.default.name</name> <value>hdfs://localhost:9820</value>
</property>
4.3.Configuração do site Map Reduce
Agora, devemos adicionar o seguinte código XML ao elemento <configuration></configuration> em "mapred-site.xml": <property>
<name>mapreduce.framework.name</name>
<valor>fio</valor>
<descrição>Nome da estrutura MapReduce</descrição> </property>
4.4.Configuração do site Yarn
Agora, devemos adicionar o seguinte código XML ao elemento <configuration></configuration> em "yarn-site.xml": <property>
<nome>yarn.nodemanager.aux-services</nome>
<valor>mapreduce_shuffle</valor>
<descrição>Serviço auxiliar do gerenciador de nós do Yarn</descrição>
</property>
5.   Formatação do nó Nome
Depois de terminar a configuração, vamos tentar formatar o nó de nome usando o seguinte comando: hdfs namenode -format
Devido a um erro na versão Hadoop 3.2.1, receberá o seguinte erro: 2020-04-

17 22:04:01,503 ERROR namenode.NameNode: Falha ao iniciar o namenode.

java.lang.UnsupportedOperationException

em java.nio.file.Files.setPosixFilePermissions(Files.java:2044) em org.apache.hadoop.hdfs.server.common.Storage$StorageDirectory.clearDirec tory(S torage.java:452) at org.apache.hadoop.hdfs.server.namenode.NNStorage.format(NNStorage.java :591)

em org.apache.hadoop.hdfs.server.namenode.NNStorage.format(NNStorage.java :613) em org.apache.hadoop.hdfs.server.namenode.FSImage.format(FSImage.java:188) em org.apache.hadoop.hdfs.server.namenode.NameNode.format(NameNode.java :120) at org.apache.hadoop.hdfs.server.namenode.NameNode.createNameNode(Nam eNode .java:1649) at org.apache.hadoop.hdfs.server.namenode.NameNode.main(NameNode.java: 1759) 2020-04-17 22:04:01,511 INFO util.ExitUtil: A sair com o estado 1: java.lang.UnsupportedOperationException

2020-04-17 22:04:01,518 INFO namenode.NameNode: SHUTDOWN_MSG:

Este problema será resolvido na próxima versão. Para já, pode corrigi-lo temporariamente utilizando os seguintes passos:

1. Descarregue o ficheiro hadoop-hdfs-3.2.1.jar a partir da seguinte ligação.
2. Renomeie o nome do arquivo hadoop-hdfs-3.2.1.jar para hadoop-hdfs-3.2.1.bak na pasta %HADOOP_HOME%\share\hadoop\hdfs
3. Copie o hadoop-hdfs-3.2.1.jar descarregado para a pasta %HADOOP_HOME%\share\hadoop\hdfs

Agora, se tentarmos voltar a executar o comando de formatação (Executar a linha de comandos ou o PowerShell como administrador), é necessário aprovar o formato do sistema de ficheiros.

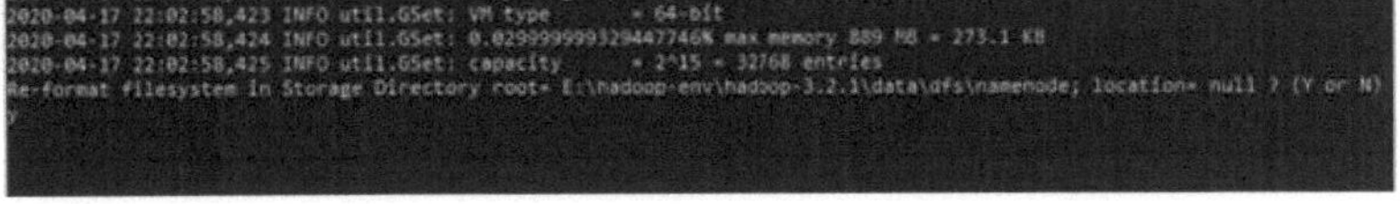

Figura 15 - Aprovação do formato do sistema de ficheiros

E o comando é executado com êxito:

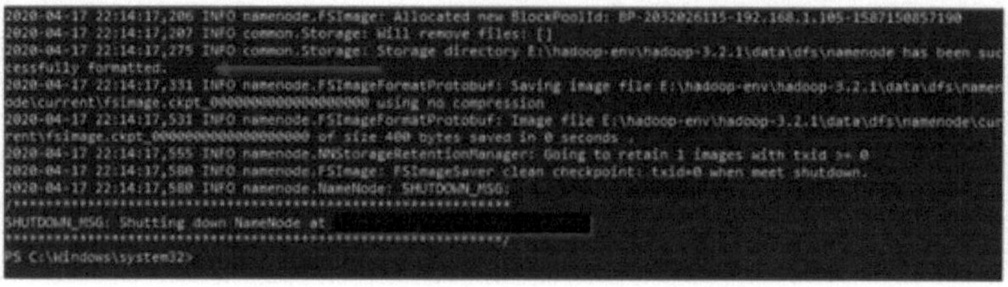

Figura 16 - Comando executado com êxito

6. Iniciar os serviços Hadoop

Agora, abriremos o PowerShell e navegaremos até o diretório "%HADOOP_HOME%\sbin". Em seguida, executaremos o seguinte comando para iniciar os nós do Hadoop: .\start-dfs.cmd

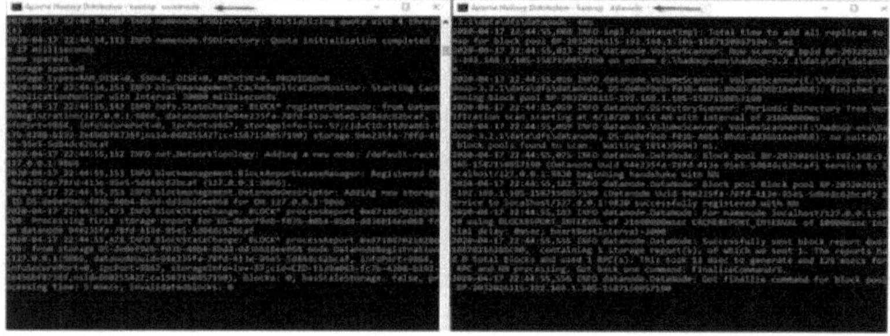

Figura 17 - Nós do StartingHadoop

Serão abertas duas janelas de prompt de comando (uma para o nó de nome e outra para o nó de dados), como segue:

Figura 18 - Janelas de prompt de comando dos nós Hadoop

De seguida, temos de iniciar o serviço Hadoop Yarn utilizando o seguinte
comando: ./start-yarn.cmd

Figura 19 - Iniciar os serviços Hadoop Yarn

Serão abertas duas janelas de prompt de comando (uma para o gerenciador de
recursos e outra

para o gestor de nós) da seguinte forma:

Figura 20- Janelas do prompt de comando do gerenciador de nós e do
gerenciador de recursos Para garantir que todos os serviços foram iniciados
com êxito, podemos executar o seguinte comando:

jps

Deve apresentar os seguintes serviços:

14560 Nó de dados

4960 Gestor de recursos

5936 NameNode

768 NodeManager

14636 Jps

Figura 21 - Execução do comando jps

7. IU da Web do Hadoop

Existem três interfaces Web de utilizador a utilizar:

- Nome da página web do nó: http://localhost:9870/dfshealth.html

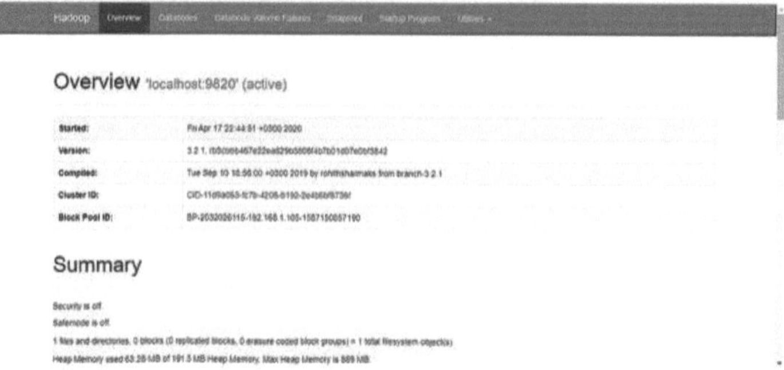

Figura 22 - Página Web do nó de nome

- Página Web do nó de dados: http://localhost:9864/datanode.html

Figura 23 - Página Web do nó de dados

Página Web do fio: http://localhost:8088/cluster

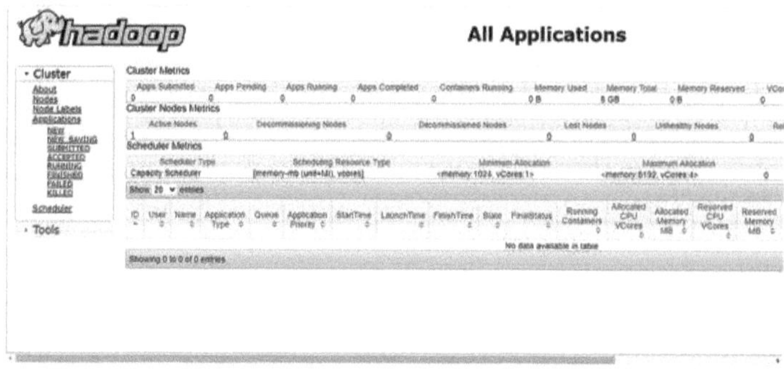

Figura 24 - Página Web do fio

3.2 INTRODUÇÃO AO SUÍNO

O Apache Pig é uma plataforma para processar e analisar grandes conjuntos de dados num ambiente de computação distribuída. Faz parte do ecossistema Apache Hadoop e foi concebido para simplificar o processo de escrita de tarefas MapReduce complexas. Aqui está uma introdução detalhada ao Apache Pig:

Apache Pig:

Visão geral:

O Apache Pig é uma linguagem de script de alto nível concebida para trabalhar com o Apache Hadoop. Foi desenvolvida pela Yahoo! e mais tarde contribuiu para a Apache Software Foundation. O principal objetivo do Pig é fornecer uma forma mais simples e fácil de expressar tarefas de análise de dados em comparação com a escrita de código MapReduce de baixo nível.

Conceitos-chave:

1. Pig Latin: Pig usa uma linguagem de script chamada Pig Latin, que abstrai as complexidades de escrever trabalhos MapReduce. As instruções Pig Latin assemelham-se a comandos do tipo SQL e são utilizadas para definir transformações e operações de dados.

2. Linguagem de fluxo de dados: Pig Latin centra-se na descrição das transformações de dados como uma série de passos, formando um fluxo de dados. Esta abordagem de fluxo de dados facilita a expressão da lógica de processamento de dados em comparação com a programação imperativa tradicional em MapReduce.

3. Planos lógicos e físicos: Quando se escreve código Pig Latin, este é traduzido em planos lógicos e físicos pelo compilador Pig. Os planos lógicos representam as transformações de alto nível, enquanto os planos físicos descrevem como essas transformações serão executadas num ambiente distribuído.

4. UDFs (Funções definidas pelo utilizador): Pig permite-lhe alargar a sua funcionalidade criando funções personalizadas em Java, Python ou outras linguagens suportadas. Essas UDFs podem ser usadas para executar operações especializadas que não estão disponíveis nas funções Pig Latin padrão.

Fluxo de trabalho:

1. Carregar dados: Começa-se por carregar dados no Pig usando o comando 'LOAD'. Os dados podem ser carregados de várias fontes, incluindo HDFS, sistemas de ficheiros locais e outros sistemas de armazenamento.

2. Transformar dados: Depois de carregar os dados, define as transformações utilizando comandos Pig Latin como "FILTER", "JOIN", "GROUP", "FOREACH", entre outros. Estes comandos especificam como os dados devem ser processados e manipulados.

3. Armazenar dados: Depois de efetuar as transformações desejadas, pode utilizar o comando 'STORE' para guardar os resultados no HDFS ou noutro local de armazenamento.

4. Execução: Quando executa um script Pig Latin, o compilador Pig gera tarefas MapReduce com base nas transformações definidas. Estes trabalhos são então executados no cluster Hadoop para processar os dados.

Vantagens:

1. Abstração: Pig abstrai as complexidades de baixo nível da escrita do código MapReduce, tornando-o mais acessível para aqueles que não são especialistas em programação distribuída.

2. Eficiência: Pig optimiza a execução de transformações e as suas capacidades de otimização de consultas conduzem frequentemente a uma execução mais eficiente das tarefas de processamento de dados.

3. Reutilização: Os scripts Pig Latin são reutilizáveis e podem ser facilmente modificados para acomodar alterações nos requisitos de processamento de dados.

4. Extensibilidade: Pig suporta UDFs personalizadas, permitindo que os programadores integrem as suas próprias funções para processamento especializado.

Limitações:

1. Curva de aprendizagem: Embora o Pig simplifique o MapReduce, ainda existe uma curva de aprendizagem associada à compreensão da sintaxe e dos conceitos do Pig Latin.

2. Desempenho: Nalguns casos, as transformações complexas podem não ser tão eficientes como o código MapReduce ajustado manualmente.

Casos de utilização:

O Apache Pig é adequado para cenários em que as tarefas de processamento de dados envolvem várias etapas e transformações complexas. É frequentemente utilizado para processamento de registos, pipelines ETL (Extract, Transform, Load), limpeza de dados e tarefas de preparação de dados.

Em resumo, o Apache Pig fornece uma abstração de nível superior para o processamento de dados em ambientes Hadoop, permitindo aos utilizadores expressar transformações de dados complexas utilizando uma linguagem de script mais intuitiva. É uma ferramenta poderosa para processar e analisar grandes conjuntos de dados sem ter de escrever código MapReduce extenso.

3.3 INSTALAÇÃO E FUNCIONAMENTO DO PIG

1. Pré-requisitos

1.1.Instalação do cluster Hadoop

O Apache Pig é uma plataforma construída sobre o Hadoop. Você pode consultar nosso artigo publicado anteriormente para instalar um cluster de nó único do Hadoop no Windows 10.

Note-se que a versão mais recente do Apache Pig, 0.17.0, suporta versões do Hadoop 2.x e ainda enfrenta alguns problemas de compatibilidade com o Hadoop 3.x. Neste artigo, vamos apenas ilustrar a instalação, uma vez que estamos a trabalhar com o Hadoop 3.2.1

1.2.7zip

O 7zip é necessário para extrair os arquivos .tar.gz que iremos descarregar neste guia.

2. Descarregando o Apache Pig

Para descarregar o Apache Pig, deve aceder à seguinte ligação:

- https://downloads.apache.org/pig/

Lançamentos de suínos

Pig Releases

Please make sure you're downloading from a nearby mirror site, not from www.apache.org.

Older releases are available from the archives.

Name	Last modified	Size	Description
Parent Directory		-	
latest/	2018-05-04 17:41	-	
pig-0.16.0/	2018-05-04 17:38	-	
pig-0.17.0/	2018-05-04 17:41	-	
KEYS	2017-06-19 08:12	11K	

Figura 1 - Diretório de versões do Apache Pig

Se estiver à procura da versão mais recente, navegue até ao diretório "latest" e, em seguida, transfira o ficheiro pig-x.xx.x.tar.gz.

Índice de /pig/latest

Index of /pig/latest

Name	Last modified	Size	Description
Parent Directory		-	
RELEASE_NOTES.txt	2017-06-16 18:10	1.9K	
pig-0.17.0-src.tar.gz	2017-06-16 18:11	15M	
pig-0.17.0-src.tar.gz.asc	2017-06-16 18:11	488	
pig-0.17.0-src.tar.gz.md5	2017-06-16 18:11	56	
pig-0.17.0.tar.gz	2017-06-16 18:10	220M	
pig-0.17.0.tar.gz.asc	2017-06-16 18:11	488	
pig-0.17.0.tar.gz.md5	2017-06-16 18:11	52	

Figura 2 - Descarregar os binários do Apache Pig

Após o ficheiro ser descarregado, devemos extraí-lo duas vezes utilizando o 7zip (utilizando o 7zip: na primeira vez extraímos o ficheiro .tar.gz, na segunda vez extraímos o ficheiro .tar). Extraímos vamos extrair a pasta Pig para o diretório "E:\hadoop-env" tal como utilizado nos artigos anteriores.

3. Definir variáveis de ambiente

Depois de extrair os arquivos Derby e Hive, devemos ir ao Painel de Controlo > Sistema

e Segurança > Sistema. Em seguida, clique em "Definições avançadas do sistema".

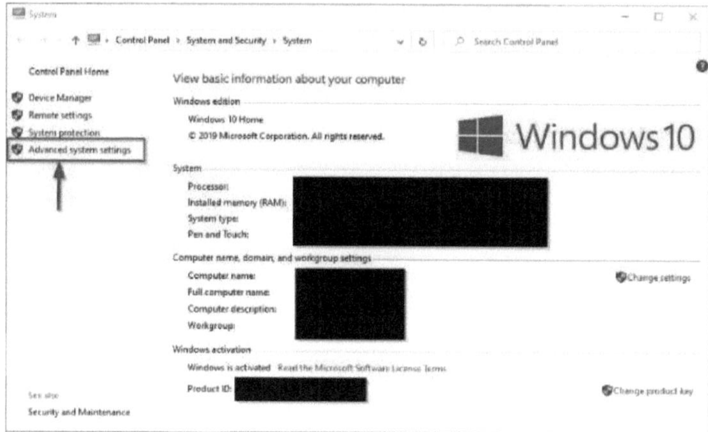

Figura 3 - Definições avançadas do sistema

Na caixa de diálogo das definições avançadas do sistema, clique no botão "Variáveis de ambiente".

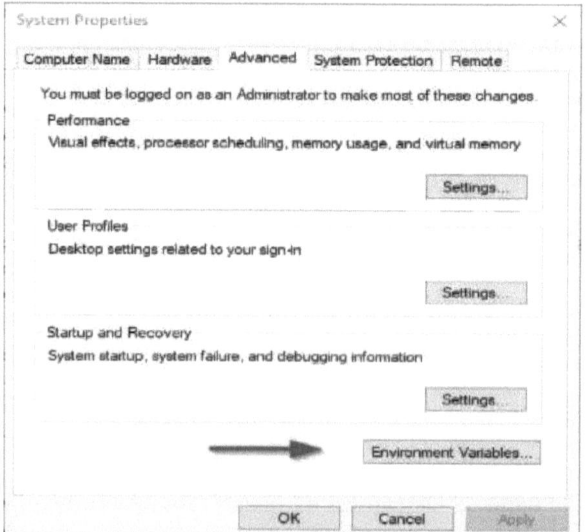

Figura 4 - Abertura do editor de variáveis de ambiente Agora devemos adicionar as seguintes variáveis de utilizador:

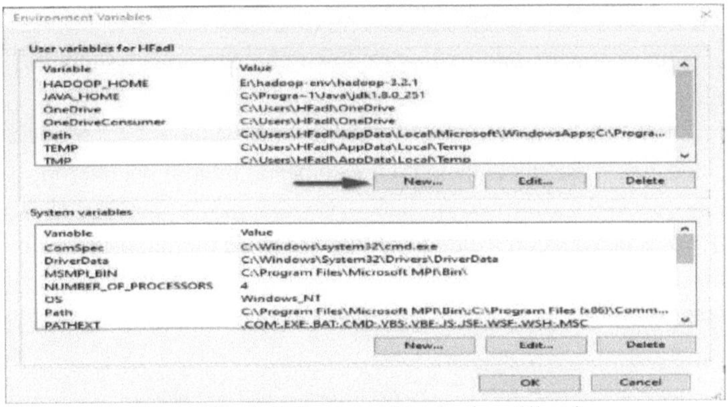

Figura 5 - Adicionar variáveis do utilizador

- PIG_HOME: "E:\hadoop-env\pig-0.17.0"

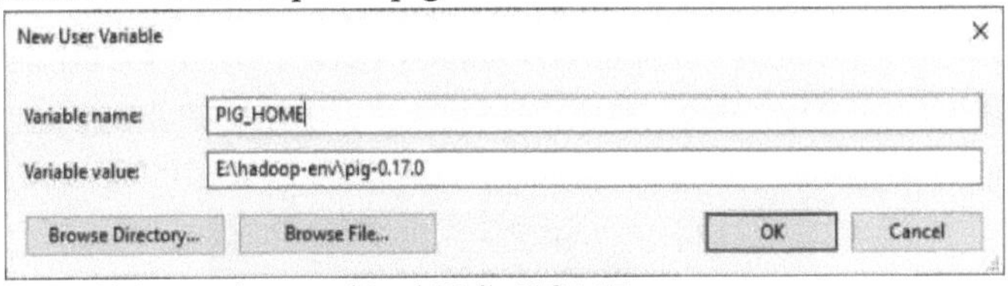

Figura 6 - Adicionando a variável PIG_HOME

Agora, devemos editar a variável de utilizador Path para adicionar os seguintes caminhos: - %PIG_HOME%\bm

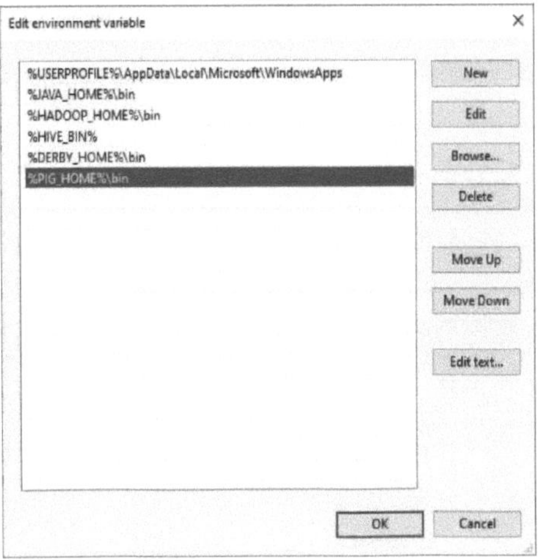

Figura 7 - Edição da variável Path

4. Iniciar o Apache Pig

Depois de definir as variáveis de ambiente, vamos tentar executar o Apache

Pig.

Nota: Os serviços Hadoop devem estar em execução

Abra uma linha de comandos como administrador e execute o seguinte comando pig -version

Você receberá a seguinte exceção: 'E:\hadoop-env\hadoop-3.2.1\bin\hadoop-config.cmd' não é reconhecido como um comando interno ou externo, programa operável ou arquivo em lote.

'-Xmx1000M' não é reconhecido como um comando interno ou externo, programa operável ou ficheiro batch.

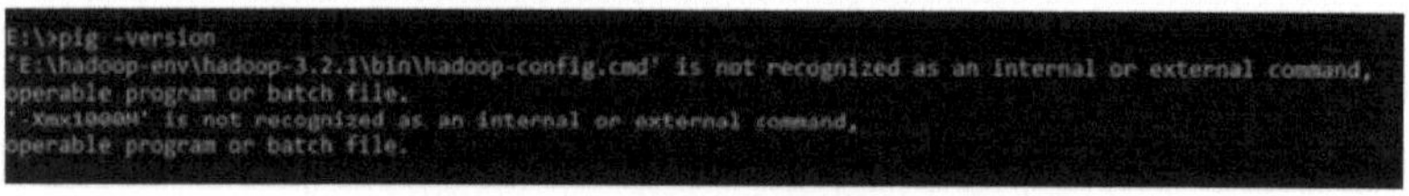

Figura 8 - Exceção do porco

Para corrigir este erro, devemos editar o ficheiro pig.cmd localizado no diretório "pig-0.17.0\bin", alterando o valor HADOOP_BIN_PATH de "%HADOOP_HOME%\bin" para "%HADOOP_HOME%\libexec".

Agora, vamos tentar executar o comando "pig -version" novamente:

Figura 9 - Instalação do porco validada

A maneira mais simples de escrever declarações PigLatin é usando o Grunt Shell, que é uma ferramenta interativa onde escrevemos uma declaração e obtemos a saída desejada. Há dois modos de usar o Grunt Shell:

1. Local: Todos os scripts são executados numa única máquina sem necessitar do Hadoop. (comando: pig -x local)

2. MapReduce: Os scripts são executados num cluster Hadoop (comando: pig -x MapReduce)

Como instalámos o Apache Hadoop 3.2.1, que não é compatível com o Pig 0.17.0, vamos tentar executar o Pig em modo local.

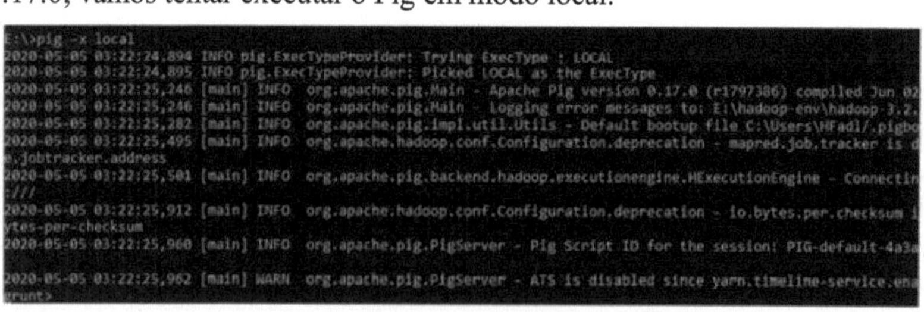

Figura 10 - Iniciando o Grunt Shell em modo local

3.4 INTRODUÇÃO À COLMEIA

O Apache Hive é um sistema de armazenamento de dados e de linguagem de consulta do tipo SQL que permite consultar, analisar e gerir facilmente grandes conjuntos de dados armazenados num sistema de armazenamento distribuído como o Hadoop Distributed File System (HDFS). Faz parte do ecossistema Apache Hadoop e foi concebido para fornecer uma interface familiar aos utilizadores que estão habituados a utilizar SQL para a manipulação de dados. Aqui está uma introdução detalhada ao Apache Hive:

Visão geral:

O Apache Hive foi desenvolvido pelo Facebook e mais tarde contribuiu para a Apache Software Foundation. Foi criado para simplificar o trabalho de analistas, cientistas de dados e outros utilizadores com grandes conjuntos de dados num ambiente Hadoop, sem necessidade de escrever tarefas MapReduce complexas.

Conceitos-chave:

1. Metastore: O Hive inclui um metastore, que é um banco de dados relacional que armazena metadados sobre tabelas, partições, colunas, tipos de dados e muito mais do Hive. Esses metadados facilitam o gerenciamento e a consulta de dados usando a interface do tipo SQL.

2. HiveQL: A Hive Query Language (HiveQL) é uma linguagem semelhante à SQL que permite aos utilizadores expressar consultas, transformações e tarefas de análise utilizando uma sintaxe SQL familiar. Na sua essência, as consultas HiveQL são traduzidas em tarefas MapReduce ou noutros motores de execução, dependendo do modo de execução do Hive.

3. Esquema na leitura: Ao contrário dos bancos de dados tradicionais que impõem um esquema na gravação, o Hive segue uma abordagem de esquema na leitura. Isto significa que os dados são armazenados tal como estão e o esquema é aplicado durante o processo de consulta, proporcionando flexibilidade para lidar com diferentes formatos e estruturas de dados.

4. Operadores Hive: O HiveQL suporta uma variedade de operadores como 'SELECT', 'JOIN', 'GROUP BY', 'WHERE', entre outros, que permitem aos utilizadores efetuar manipulações de dados complexas.

5. Funções definidas pelo utilizador (UDFs): O Hive permite que os utilizadores criem funções definidas pelo utilizador personalizadas em linguagens como Java, Python ou outras. Estas UDFs podem ser utilizadas para alargar a funcionalidade do Hive para processamento especializado.

Fluxo de trabalho:

1. Criar tabelas: No Hive, começa por definir tabelas que correspondem aos seus ficheiros de dados armazenados no HDFS ou noutros sistemas de

armazenamento suportados. As tabelas incluem metadados sobre a estrutura de dados.

2. Carregar dados: Depois de definir as tabelas, utiliza o comando 'LOAD DATA' para as preencher com dados de fontes externas.

3. Consulta de dados: Pode então utilizar o HiveQL para escrever consultas do tipo SQL para recuperar e manipular os dados. Estas consultas são traduzidas em tarefas MapReduce ou noutros motores de execução para processamento.

4. Armazenar resultados: Se necessário, pode armazenar os resultados das consultas em novas tabelas ou ficheiros de saída utilizando os comandos "INSERT INTO" ou "INSERT OVERWRITE".

Modos de execução:

O Hive suporta vários modos de execução, incluindo:

1. MapReduce: Este é o modo de execução padrão, em que as consultas HiveQL são traduzidas em trabalhos MapReduce para processamento.

2. Tez: O modo de execução Tez utiliza a estrutura Apache Tez para otimizar a execução de consultas, proporcionando um melhor desempenho para determinados tipos de consultas.

3. Spark: O Hive também pode aproveitar o Apache Spark para a execução de consultas, oferecendo outra opção para um processamento mais rápido e eficiente.

Casos de utilização:

O Hive é amplamente utilizado para várias tarefas de processamento de dados, incluindo:

4. Análise de dados: Os analistas e cientistas de dados utilizam o Hive para explorar e analisar grandes conjuntos de dados armazenados no Hadoop.

5. Armazenamento de dados: O Hive pode ser utilizado como uma solução de armazenamento de dados para armazenar e consultar dados históricos.

6. ETL (Extrair, Transformar, Carregar): O Hive pode ser utilizado para transformar e limpar dados antes de os carregar para outros sistemas.

7. Relatórios: O Hive pode gerar relatórios e resumos a partir de grandes conjuntos de dados. Vantagens:

1. Familiaridade com SQL: Os utilizadores familiarizados com SQL podem começar rapidamente a utilizar o Hive para processamento de dados sem terem de aprender novas linguagens de programação.

2. Escalabilidade: O Hive pode lidar com grandes conjuntos de dados armazenados em sistemas de armazenamento distribuídos como o HDFS.

3. Flexibilidade: o Hive suporta vários formatos de ficheiros e estruturas de dados, tornando-o adequado para diversas fontes de dados.

4. Otimização: Dependendo do modo de execução, o Hive pode otimizar a execução da consulta para um melhor desempenho.

Limitações:

1. Latência: A natureza orientada para lotes do Hive pode não ser adequada para aplicações de baixa latência.

2. Evolução do esquema: As alterações nas estruturas de dados podem exigir uma gestão cuidadosa para manter a compatibilidade.

Em resumo, o Apache Hive é uma ferramenta poderosa para consultar e gerir grandes conjuntos de dados num ambiente Hadoop utilizando uma sintaxe semelhante à do SQL. Simplifica as tarefas de análise de dados e fornece uma interface familiar para os utilizadores com experiência em SQL.

3.5 INSTALAÇÃO DA COLMEIA

1. Pré-requisitos

1. Requisitos de hardware

RAM - Mínimo. 8GB, se tiveres um SSD no teu sistema, então 4GB de RAM também funciona.

CPU - Mínimo. Quad-core, com pelo menos 1,80GHz

2. JRE 1.8 - Instalador offline para JRE

3. Kit de desenvolvimento Java - 1.8

4. Um software para descompactação como o 7Zip ou o WinRar

Vou utilizar um Windows de 64 bits para o processo. Verifique e transfira a versão suportada pelo seu sistema x86 ou x64 para todo o software.

5. Hadoop

Estou a utilizar o Hadoop-2.9.2, mas também pode utilizar qualquer outra versão STABLE do Hadoop.

Se não tiver o Hadoop, pode consultar a instalação a partir de Hadoop: Como instalar em 5 passos no Windows 10.

6. Navegador de consultas MySQL

7. Descarregar o Hive zip

Estou a utilizar o Hive-3.1.2, mas também pode utilizar qualquer outra versão STABLE do Hive.

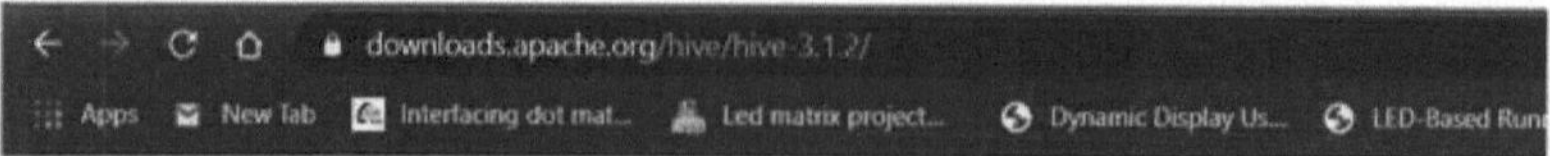

Index of /hive/hive-3.1.2

Fig 1:- Descarregar o Hive-3.1.2

2. Descompactar e instalar o Hive

Depois de fazer o download do Hive, precisamos descompactar o arquivo apache-hive-3.1.2-bin.tar.gz.

Fig 2:- Extrair a colmeia Passo 1

Uma vez extraído, obteremos um novo ficheiro apache-hive-3.1.2-bin.tar
Agora, mais uma vez, precisamos de extrair este ficheiro tar.

Fig 3:- Extrair a colmeia Passo 2

Agora podemos organizar a nossa instalação do Hive, podemos criar uma pasta e mover o ficheiro final extraído para a mesma. Por exemplo: :-

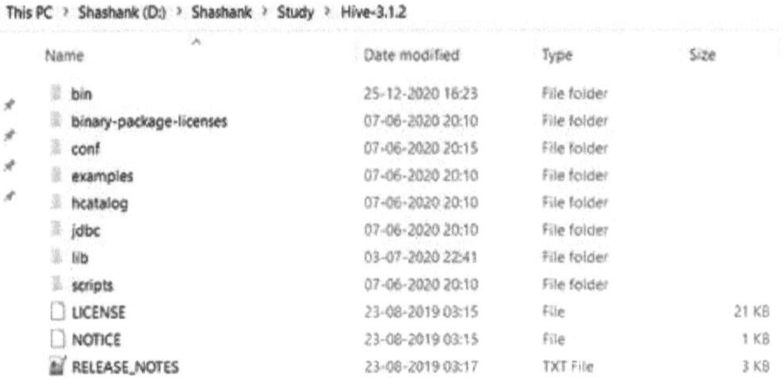

This PC > Shashank (D:) > Shashank > Study > Hive-3.1.2

Name	Date modified	Type	Size
bin	25-12-2020 16:23	File folder	
binary-package-licenses	07-06-2020 20:10	File folder	
conf	07-06-2020 20:15	File folder	
examples	07-06-2020 20:10	File folder	
hcatalog	07-06-2020 20:10	File folder	
jdbc	07-06-2020 20:10	File folder	
lib	03-07-2020 22:41	File folder	
scripts	07-06-2020 20:10	File folder	
LICENSE	23-08-2019 03:15	File	21 KB
NOTICE	23-08-2019 03:15	File	1 KB
RELEASE_NOTES	23-08-2019 03:17	TXT File	3 KB

Fig 4:- Diretório Hive

- Tenha em atenção que, ao criar pastas, NÃO ADICIONE ESPAÇOS ENTRE

O NOME DA PASTA (pode causar problemas mais tarde)

- Coloquei a minha colmeia na unidade D:, mas também pode utilizar a unidade C: ou qualquer outra unidade.

3. Configuração de variáveis de ambiente

Outro passo importante na configuração de um ambiente de trabalho é a definição da variável de ambiente Systems.

Para editar as variáveis de ambiente, vá ao Painel de Controlo > Sistema > clique na ligação "Definições avançadas do sistema

Em alternativa, podemos clicar com o botão direito do rato no ícone Este PC, clicar em Propriedades e clicar na ligação "Definições avançadas do sistema"

Ou, a maneira mais fácil é procurar por Environment Variable (Variável de Ambiente) na barra de pesquisa e aí vai...

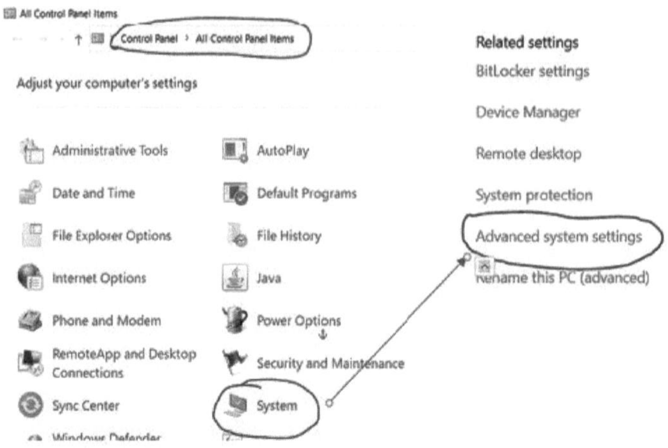

Fig. 5:- Caminho para a variável de ambiente

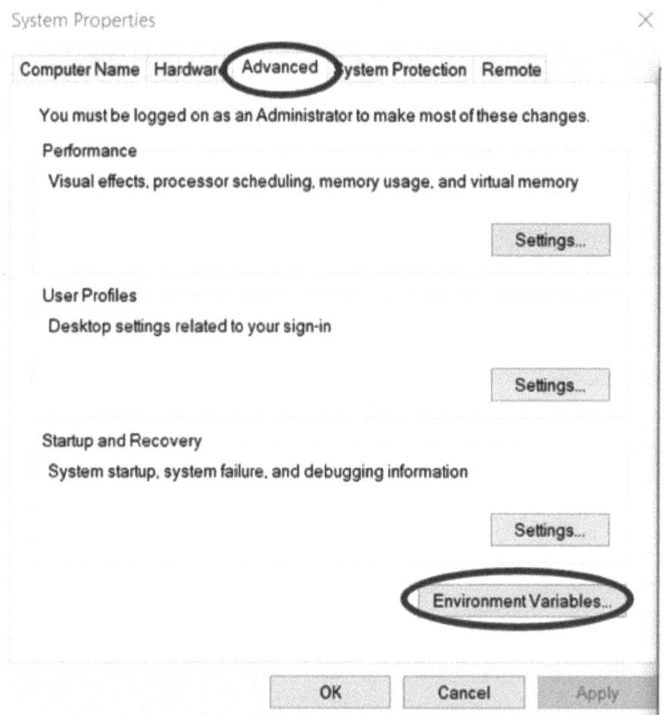

Fig. 6:- Ecrã de definições avançadas do sistema

3.1 Definir HIVE_HOME ● Abrir a variável de ambiente e clicar em "Novo" em "Variável de utilizador"

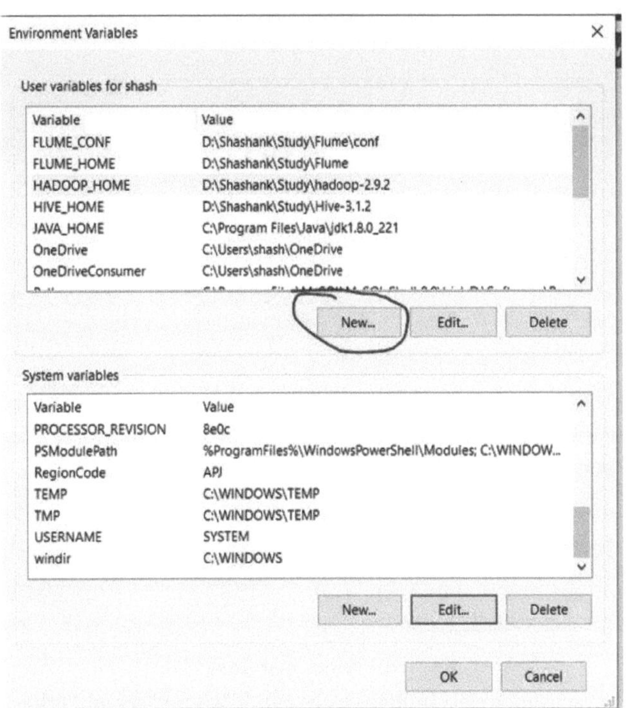

Fig. 7:- Adicionar variável de ambiente ● Ao clicar em "New" (Novo), obtemos o ecrã abaixo.

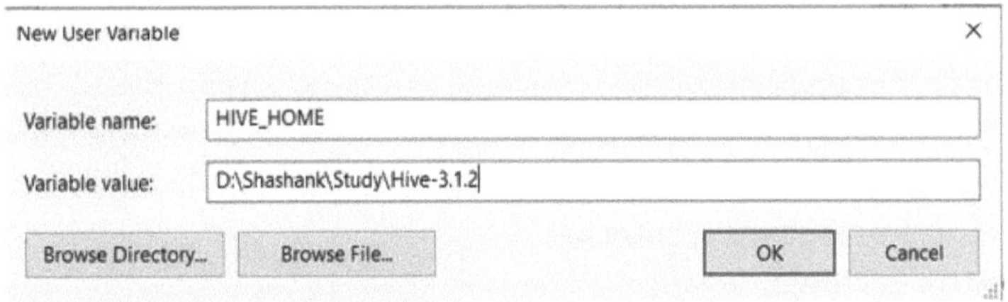

Fig. 8:- Adicionar o HIVE_HOME

• Agora, como mostrado, adicione HIVE_HOME no nome da variável e o caminho do Hive no valor da variável.

• Clique em OK e estamos a meio caminho da definição de HIVE_HOME.

3.2 Definir a variável de caminho

• O último passo na definição da variável Environment é a definição do Path na variável System.

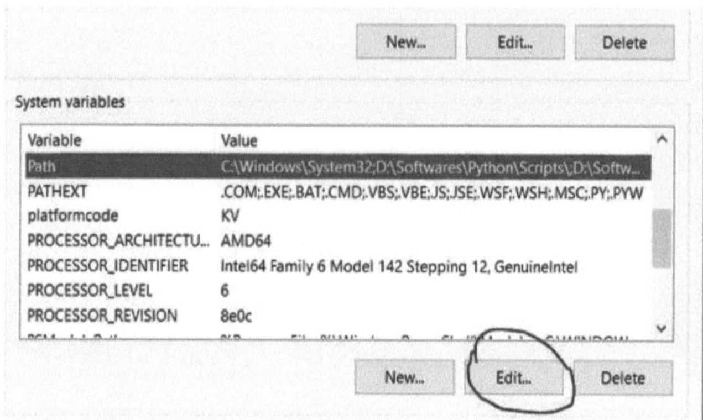

Fig. 9:- Definição da variável de trajetória

Seleccione a variável Path (Caminho) nas variáveis do sistema e clique em "Edit" (Editar).

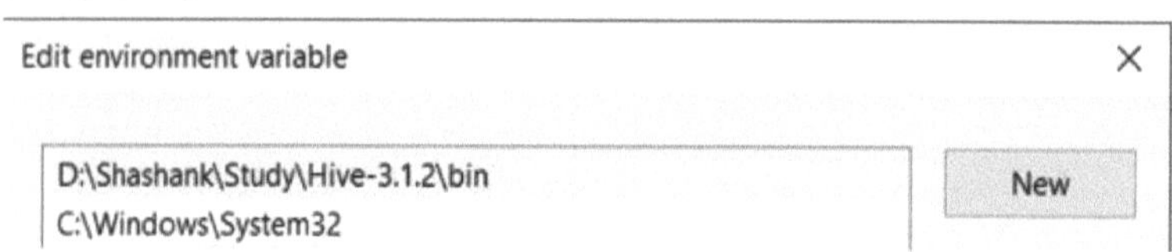

Fig. 10:- Adicionar uma via

• Agora precisamos de adicionar estes caminhos à variável Path :-
%HIVE_HOME%\bin

• Clique em OK e OK. E terminámos a definição das variáveis de ambiente.

3.4 Verificar as trajectórias

• Agora precisamos de verificar se o que fizemos está correto e refletido.

• Abrir uma NOVA janela de comando

• Executar os seguintes comandos

echo %HIVE_HOME%

4. Editar o Hive

Uma vez configuradas as variáveis de ambiente, o passo seguinte é configurar o Hive. Este é composto por 7 partes:-

4.1 Substituição dos contentores

O primeiro passo para configurar a colmeia é descarregar e substituir a pasta bin.

Vá para este GitHub Repo e descarregue a pasta bin como um zip.

Extrair o zip e substituir todos os ficheiros presentes na pasta bin para %HIVE_HOME%\bin

Nota:- Se estiver a utilizar uma versão diferente do HIVE, procure a respectiva pasta bin e transfira-a.

4.2 Criação do ficheiro Hive-site.xml

Agora precisamos de criar o ficheiro Hive-site.xml no hive para o configurar :-

(Podemos encontrar estes ficheiros em Hive -> conf -> hive-default.xml.template)

Precisamos copiar o arquivo hive-default.xml.template e colá-lo no mesmo local e renomeá-lo para hive-site.xml. Este será o nosso ficheiro de configuração principal para o Hive.

PC > Shashank (D:) > Shashank > Study > Hive-3.1.2 > conf

Name	Date modified	Type	Size
beeline-log4j2.properties.template	23-08-2019 03:14	TEMPLATE File	2 KB
hive-default.xml.template	23-08-2019 03:31	TEMPLATE File	294 KB
hive-env.sh.template	23-08-2019 03:14	TEMPLATE File	3 KB
hive-exec-log4j2.properties.template	23-08-2019 03:15	TEMPLATE File	3 KB
hive-log4j2.properties.template	23-08-2019 03:14	TEMPLATE File	4 KB
hive-site	04-04-2021 20:14	XML Document	295 KB
ivysettings	23-08-2019 03:14	XML Document	3 KB
llap-cli-log4j2.properties.template	23-08-2019 03:14	TEMPLATE File	4 KB
llap-daemon-log4j2.properties.template	23-08-2019 03:14	TEMPLATE File	7 KB
parquet-logging.properties	23-08-2019 03:14	PROPERTIES File	3 KB

Fig. 11:-Criação do Hive-site.xml

4.3 Editar ficheiros de configuração

4.3.1 Editar as propriedades

Agora abra o recém-criado Hive-site.xml e precisamos editar as seguintes propriedades <property>

<nome>hive.metastore.uris</nome>

<valor>thrift://<seu endereço IP>:9083</valor>

<propriedade>

<nome>hive.downloaded.resources.dir</nome>

<value><A pasta da sua unidade>/${hive.session.id}_resources</value>

<propriedade>

<nome>hive.exec.scratchdir</nome>

<valor>/tmp/mydir</valor>

Substitua o valor de <Seu endereço IP> pelo endereço IP do seu sistema e substitua <Sua pasta de unidade> pelo caminho da pasta Hive.

4.3.2 Remoção de caracteres especiais

Este é um passo curto e precisamos de remover todos os caracteres presentes no ficheiro hive-site.xml.

4.3.3 Adicionar mais algumas propriedades

Agora precisamos de adicionar as seguintes propriedades tal como estão no ficheiro hive-site.xml.

<propriedade>

<nome>hive.querylog.location</nome>

<valor>$HIVE_HOME/iotmp</valor>

<description>Localização do ficheiro de registo estruturado de tempo de execução do Hive</description>

</property><property>

<nome>hive.exec.local.scratchdir</nome>

<valor>$HIVE_HOME/iotmp</valor>

<description>Espaço de trabalho local para trabalhos do Hive</description>

</property><property>

<nome>hive.downloaded.resources.dir</nome>

<valor>$HIVE_HOME/iotmp</valor>

<description>Diretório local temporário para recursos adicionados no sistema de ficheiros remoto.</description>

</property>

Ótimo!!!! Estamos quase a terminar a parte do Hive, para configurar a base de dados MySQL como Metastore para o Hive, temos de seguir os passos abaixo:-

4.4 Criar um utilizador Hive no MySQL

O próximo passo importante na configuração do Hive é a criação de utilizadores para o MySQL.

Estes utilizadores são utilizados para ligar o Hive à base de dados MySQL para ler e escrever dados da mesma.

Nota:- Pode saltar este passo se tiver criado o utilizador da colmeia durante a instalação do SQOOP.

- Em primeiro lugar, precisamos de abrir o MySQL Workbench e abrir o espaço de trabalho (predefinido ou qualquer outro específico, se pretender). Por enquanto, usaremos apenas o espaço de trabalho padrão.

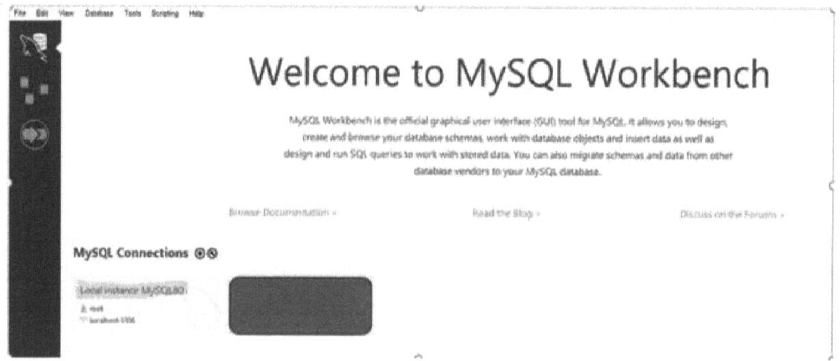

Fig 12:- Abrir o MySQL Workbench

- Agora, abra a opção Administração no espaço de trabalho e seleccione a opção Utilizadores e privilégios em Gestão.

Fig 13:- Abertura de utilizadores e privilégios

- Agora seleccione a opção Add Account e crie um novo utilizador com Login Name como hive e Limit to Host Mapping como localhost e Password à sua escolha.

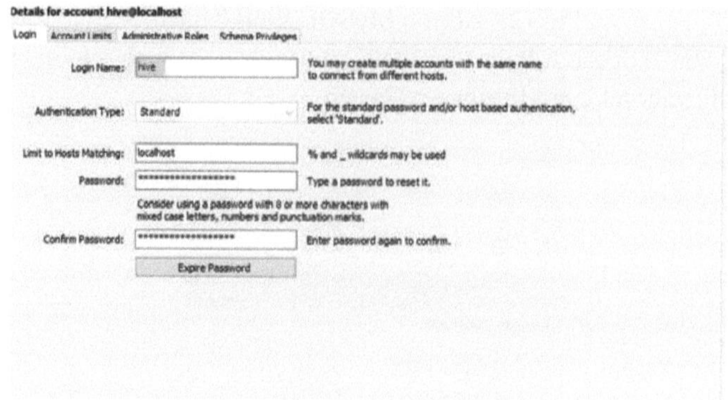

Fig 14:- Criação do utilizador Hive

Agora temos de definir as funções para este utilizador em Funções administrativas e selecionar as funções DBManager, DBDesigner e BackupAdmin

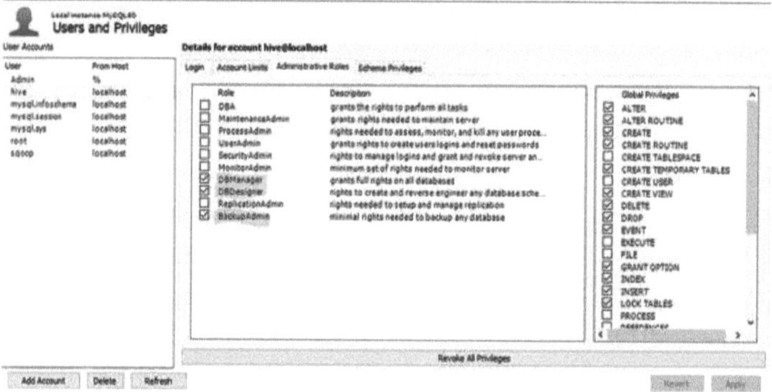

Fig 15:- Atribuição de funções

Agora precisamos de conceder privilégios de esquema ao utilizador, utilizando a opção Add Entry (Adicionar entrada) e seleccionando os esquemas a que precisamos de acesso.

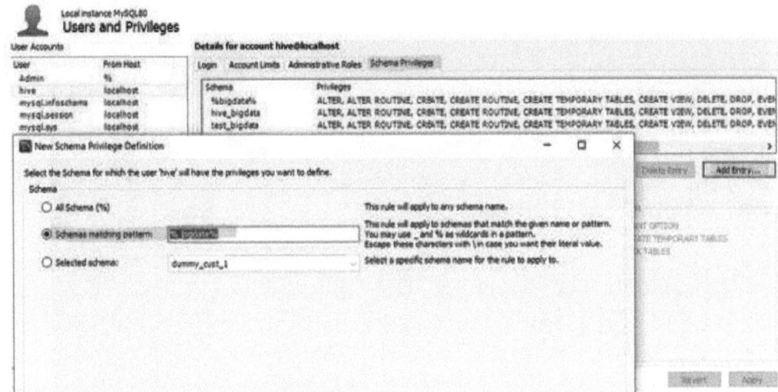

Fig 16:- Privilégios do esquema

Estou a utilizar um padrão de correspondência de esquemas como %_bigdata% para todos os meus esquemas relacionados com bigdata. Também pode utilizar outras 2 opções.

Depois de clicar em OK, temos de selecionar All the privileges for this schema (Todos os privilégios para este esquema).

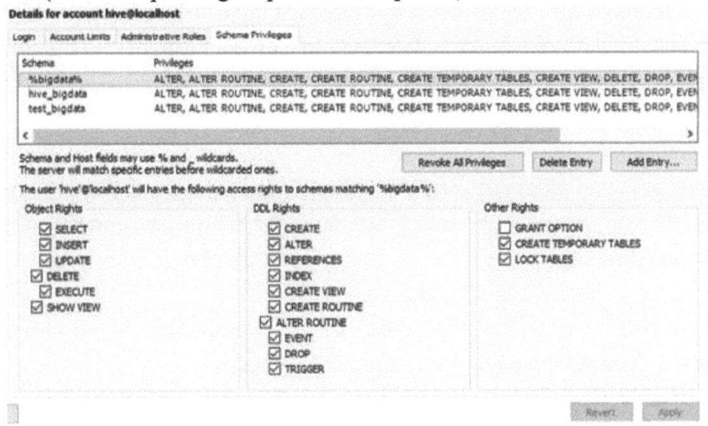

Fig 17:- Selecionar todos os privilégios no esquema

- Clique em Apply (Aplicar) e está concluída a criação do utilizador Hive.

1.5 Conceder permissão aos utilizadores

Depois de criarmos a colmeia do utilizador, o passo seguinte é conceder todos os privilégios a este utilizador para todas as tabelas no esquema previamente selecionado.

• Abra a janela cmd do MySQL. Podemos abri-la usando a barra de pesquisa do Windows.

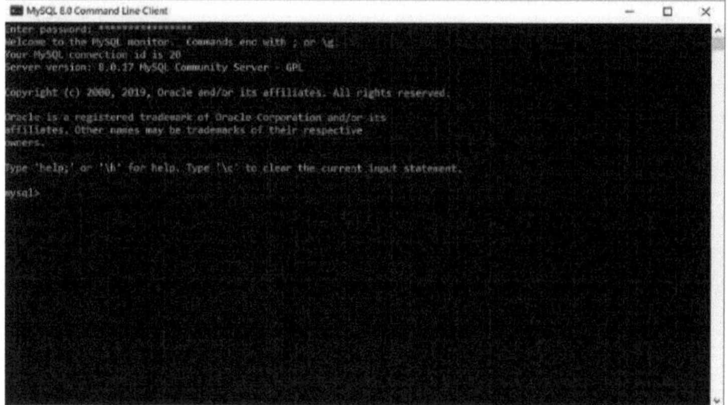

Fig 18:- MySQL cmd

* Ao abrir, pedirá a palavra-passe do utilizador raiz (criada durante a configuração do MySQL).
* Agora precisamos de executar o comando abaixo na janela cmd.

conceder todos os privilégios em test_bigdata. a 'hive'@'localhost';

em que test_bigdata será o nome do esquema e hive@localhost será o nome de utilizador @ Nome do anfitrião.

1.6 Criar um Metastore

Agora precisamos de criar o nosso próprio metastore para o Hive no MySQL. Em primeiro lugar, temos de criar uma base de dados para o metastore no MySQL OU, no meu caso, podemos utilizar a que foi utilizada no passo anterior test_bigdata.

Agora, navegue para o caminho abaixo

hive -> scripts -> metastore -> upgrade -> mysql e execute o ficheiro hive-schema-3.1.0.mysql em MySQL na sua base de dados.

Nota:- Se estiver a utilizar uma base de dados diferente, seleccione a pasta para a mesma na pasta de atualização e execute o ficheiro hive-schema.

1.7 Adicionar mais algumas propriedades (Propriedades relacionadas com o Metastore)

Por fim, temos de abrir o nosso ficheiro hive-site.xml mais uma vez e fazer algumas alterações. Estas estão relacionadas com o metastore do Hive, razão pela qual não as adicionámos no início, de modo a distinguir entre os diferentes conjuntos de propriedades.

<propriedade>
<nome>javax.jdo.option.ConnectionUserName</nome>
<valor>colmeia</valor>
<description>Nome de utilizador a utilizar na base de dados do

78

```xml
metastore</description>
</property>
<propriedade>
<nome>javax.jdo.option.ConnectionURL</nome>
<value>jdbc:mysql://localhost:3306/<Your
Base de dados>?createDatabaseIfNotExist=true</value>
<descrição>
Cadeia de ligação JDBC para um metastore JDBC.
Para utilizar SSL para encriptar/autenticar a ligação, forneça um sinalizador
SSL específico da base de dados no URL de ligação.
Por exemplo, jdbc:postgresql://myhost/db?ssl=true para a base de dados
postgres.
</descrição>
</property>
<propriedade>
<nome>hive.metastore.warehouse.dir</nome>
<value>hdfs://localhost:9000/user/hive/warehouse</value>
<description>localização da base de dados predefinida para o
armazém</description>
</property>
<propriedade>
<nome>javax.jdo.option.ConnectionPassword</nome>
<value><Hive Password></value>
<description>palavra-passe a utilizar na base de dados do
metastore</description>
</property>
<propriedade>
<nome>datanucleus.schema.autoCreateSchema</nome>
<valor>verdadeiro</valor>
</property>
<propriedade>
<nome>datanucleus.schema.autoCreateTables</nome>
<valor>Verdadeiro</valor>
</property>
<propriedade>
<nome>datanucleus.schema.validateTables</nome>
<valor>verdadeiro</valor>
<description>valida o esquema existente em relação ao código. Active esta
opção se pretender verificar o esquema existente</description>
```

</property>

Substitua o valor de <Hive Password> pela senha do usuário do hive que criamos na criação do usuário do MySQL. E <Your Database> com o banco de dados que usamos para o metastore no MySQL.

5. Início da colmeia

5.1 Iniciar o Hadoop

Agora precisamos de iniciar uma nova linha de comandos, lembrando-nos de a executar como administrador para evitar problemas de permissão e executar os comandos abaixo start-all.cmd

```
C:\Users\shash>start-all.cmd
This script is Deprecated. Instead use start-dfs.cmd and start-yarn.cmd
'C:\Program' is not recognized as an internal or external command,
operable program or batch file.
'C:\Program' is not recognized as an internal or external command,
operable program or batch file.
starting yarn daemons
'C:\Program' is not recognized as an internal or external command,
operable program or batch file.

C:\Users\shash>
```

Fig. 19:- start-all.cmd

Todos os 4 daemons devem estar ACIMA e a funcionar.

5.2 Iniciar o Hive Metastore

Abra uma janela cmd e execute o comando abaixo para iniciar o metastore do Hive. hive --service metastore

```
C:\Users\shash>hive --service metastore
"Starting Hive Metastore Server"
'C:\Program' is not recognized as an internal or external command,
operable program or batch file.
```

Fig 20:- Iniciar o Hive Metastore

5.3 Início da colmeia

Agora abra uma nova janela cmd e execute o comando abaixo para iniciar o Hive hive

6. Problemas comuns

6.1 Não é possível exportar ou importar dados no hive

O primeiro problema comum com que nos deparamos depois de iniciar o Hive é o facto de não conseguirmos importar ou exportar

Sol:- Precisamos de editar a propriedade abaixo e torná-la falsa

<propriedade>

<name>hive.metastore.event.db.notification.api.auth</name>

<valor>falso</valor>

<descrição>

O metastore deve fazer autorização contra APIs relacionadas com a notificação da base de dados, como get_next_notification.

Se for definido como true, apenas os superutilizadores nas definições de proxy têm a permissão </description>

</property>

6.2 A adesão não está a funcionar

Temos de executar os comandos abaixo antes de executar a consulta de junção se tivermos um problema ao executar uma consulta de junção:-

definir hive.auto.convert.join=false;

definir hive.auto.convert.join.noconditionaltask=false;

Porque sem estes parâmetros a colmeia tenta uma junção do lado do mapa que falha, para uma junção normal defina estes parâmetros como falsos.

7. Conclusão

É provável que alguns de nós tenham enfrentado alguns problemas... Não se preocupe, o mais provável é que isso se deva a um pequeno erro ou a software incompatível. Se se deparar com um problema deste tipo, volte a percorrer todos os passos cuidadosamente e verifique se tem as versões correctas do software.

3.6 HIVEQL

O HiveQL, ou Hive Query Language, é uma linguagem de consulta utilizada para interagir e consultar dados armazenados no Apache Hive, que é um sistema de armazenamento de dados e de linguagem de consulta do tipo SQL construído sobre o Hadoop Distributed File System (HDFS). O Hive foi desenvolvido pelo Facebook e, mais tarde, foi aberto, tornando-se parte integrante do ecossistema Hadoop.

O HiveQL foi concebido para fornecer uma sintaxe familiar do tipo SQL para a consulta de grandes conjuntos de dados armazenados no HDFS, tornando-o acessível aos utilizadores que já estão familiarizados com a consulta tradicional de bases de dados relacionais. Permite aos utilizadores expressar tarefas de transformação e análise de dados utilizando consultas do tipo SQL e, em seguida, traduz essas consultas em tarefas MapReduce que podem ser executadas no cluster Hadoop.

Algumas das principais características e conceitos do HiveQL incluem:

1. Definições de tabela: No Hive, os dados são organizados em tabelas, semelhantes às bases de dados relacionais tradicionais. Os utilizadores podem definir tabelas utilizando a Linguagem de Definição de Dados (DDL) do HiveQL, especificando o esquema, os nomes das colunas, os tipos de dados e os formatos de armazenamento.

2. Metastore do Hive: O Hive mantém um armazenamento de metadados

chamado Hive Metastore, que armazena informações sobre tabelas, partições, colunas, tipos de dados e outros metadados. Isso permite que o Hive gerencie os dados subjacentes com eficiência.

3. Partições e compartimentos: O Hive suporta o particionamento de tabelas com base em uma ou mais colunas, permitindo uma melhor organização de dados e desempenho de consulta. Além disso, os dados podem ser organizados em compartimentos com base nos valores das colunas para melhorar ainda mais o desempenho da consulta.

4. Execução de consultas: Quando uma consulta HiveQL é enviada, ela é traduzida em uma série de trabalhos MapReduce (ou outro mecanismo de execução) que realizam as tarefas necessárias de processamento e análise de dados. O Hive abstrai a complexidade da gestão destes trabalhos, facilitando aos utilizadores o trabalho com grandes conjuntos de dados.

5. Funções definidas pelo usuário (UDFs): O HiveQL permite a criação e o uso de Funções definidas pelo usuário (UDFs) personalizadas escritas em várias linguagens de programação. Essas funções podem ser usadas para realizar cálculos especializados, transformações de dados e outras operações.

6. Transformação de dados: O HiveQL suporta uma variedade de operações do tipo SQL, como SELECT, JOIN, GROUP BY, ORDER BY, entre outras, que permitem aos utilizadores transformar e analisar dados armazenados no HDFS.

7. Integração com o ecossistema Hadoop: O Hive integra-se com outros componentes do ecossistema Hadoop, como o HBase, o Pig e o Spark, permitindo que os utilizadores utilizem diferentes ferramentas para diferentes tarefas, continuando a utilizar uma linguagem de consulta consistente.

É importante notar que, embora o HiveQL forneça uma sintaxe familiar do tipo SQL, ele opera sobre a estrutura MapReduce do Hadoop. Isso pode levar a certas limitações em termos de desempenho em tempo real e consultas de baixa latência, já que o MapReduce foi projetado principalmente para processamento em lote. À medida que o ecossistema Hadoop evoluiu, outras ferramentas como o Apache Spark ganharam popularidade para cenários de processamento de dados mais interactivos e em tempo real.

Apesar das suas limitações, o HiveQL continua a ser uma ferramenta valiosa para consultar e analisar grandes conjuntos de dados armazenados no HDFS, especialmente quando se trata de tarefas de processamento de dados históricos ou orientados para lotes.

3.7 INTRODUÇÃO AO ZOOKEEPER

O Apache ZooKeeper é um serviço de coordenação distribuída de código aberto que fornece uma infraestrutura centralizada para gerir e sincronizar sistemas distribuídos. Foi inicialmente desenvolvido na Yahoo! e mais tarde tornou-se um projeto da Apache Software Foundation. O ZooKeeper foi concebido para ajudar os programadores a criar aplicações distribuídas fiáveis e resilientes, fornecendo uma forma consistente e fiável de gerir tarefas de coordenação, configuração e sincronização num cluster de máquinas.

As principais características e conceitos do Apache ZooKeeper incluem:

1. Coordenação distribuída: O ZooKeeper permite que vários processos ou nós em um sistema distribuído coordenem suas ações e mantenham um estado compartilhado. Isso é crucial para cenários em que diferentes componentes de um aplicativo distribuído precisam trabalhar juntos, concordar com decisões e evitar condições de corrida.

2. Modelo de dados: O modelo de dados do ZooKeeper é baseado num espaço de nomes hierárquico semelhante a um sistema de ficheiros, organizado em nós chamados "znodes". Cada znode pode armazenar uma pequena quantidade de dados (geralmente menos de 1 MB) e pode ter metadados associados, como permissões e números de versão.

3. Atomicidade e consistência: O ZooKeeper fornece um conjunto de operações que podem ser executadas atomicamente, garantindo que ou todas as operações são concluídas com sucesso, ou nenhuma delas é. Isso ajuda a manter a consistência em todo o sistema distribuído.

4. Mecanismo de relógio: Uma das características mais poderosas do ZooKeeper é o seu mecanismo de observação. Os clientes podem definir observações nos znodes e, quando o estado de um znode observado muda, o ZooKeeper notifica os clientes. Isso permite que os aplicativos sejam orientados a eventos e respondam às mudanças no sistema distribuído em tempo real.

5. Bloqueios e sincronização: O ZooKeeper fornece primitivas como bloqueios e barreiras distribuídos que ajudam na implementação de mecanismos de sincronização e coordenação em aplicações distribuídas. Estes são cruciais para garantir que apenas um processo execute uma determinada tarefa de cada vez.

6. Gerenciamento de configuração: O ZooKeeper pode ser usado para gerenciar dados de configuração para aplicativos distribuídos. Ao centralizar os dados de configuração nos znodes do ZooKeeper, as alterações podem ser propagadas para todos os nós do sistema, garantindo a consistência.

7. Alta disponibilidade: O próprio ZooKeeper foi projetado para ser altamente disponível. Ele opera em um modo replicado, com um cluster de servidores ZooKeeper formando um conjunto. Os dados e o estado são

replicados entre esses servidores para garantir a tolerância a falhas e evitar um único ponto de falha.

8. Casos de uso: O ZooKeeper é amplamente utilizado para vários fins, incluindo bloqueios distribuídos, eleição de líderes, descoberta de serviços, gestão de configurações e manutenção de metadados em sistemas de ficheiros distribuídos.

9. APIs: O ZooKeeper fornece APIs em várias linguagens de programação, incluindo Java, C, Python e outras, tornando-o acessível a programadores que utilizam diferentes tecnologias.

O ZooKeeper é um bloco de construção fundamental em muitos sistemas distribuídos, ajudando os programadores a gerir as complexidades da coordenação e sincronização num ambiente distribuído. Embora continue a ser uma ferramenta crucial, vale a pena notar que tecnologias mais recentes, como o Apache etcd e o Consul, também surgiram para enfrentar desafios semelhantes e oferecer funcionalidades diferentes para a criação de sistemas distribuídos.

3.8 INSTALAR E EXECUTAR O ZOOKEEPER

1. Instalando o Apache ZooKeeper

1. Descarregar o Apache ZooKeeper. Pode escolher a partir de qualquer espelho - http://www.apache.org/dyn/closer.cgi/zookeeper/

2. Extraia-o para onde deseja instalar o ZooKeeper. Eu prefiro salvá-lo no diretório C:\dev\tools. A menos que também prefira esta forma, terá de criar esse diretório você mesmo.

3. Configurar a variável de ambiente.

    - Para o fazer, vá primeiro a Computador e, em seguida, clique no botão Propriedades do sistema.

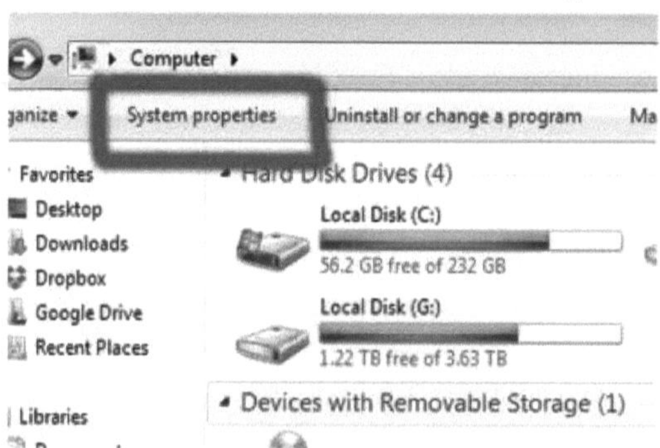

Clique na ligação Definições avançadas do sistema, à esquerda.

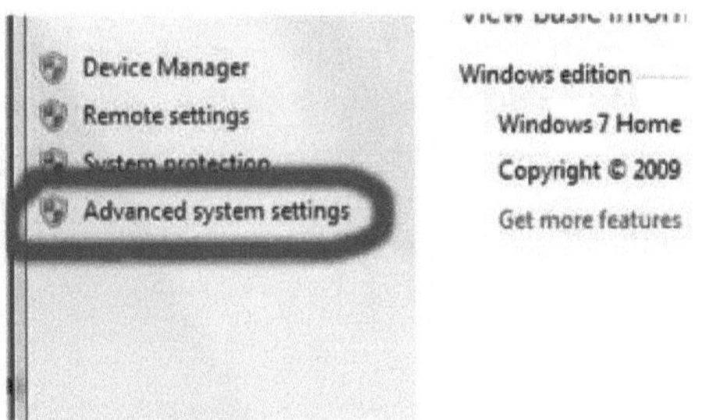

Numa nova janela pop-up, clique no botão Variáveis de ambiente....

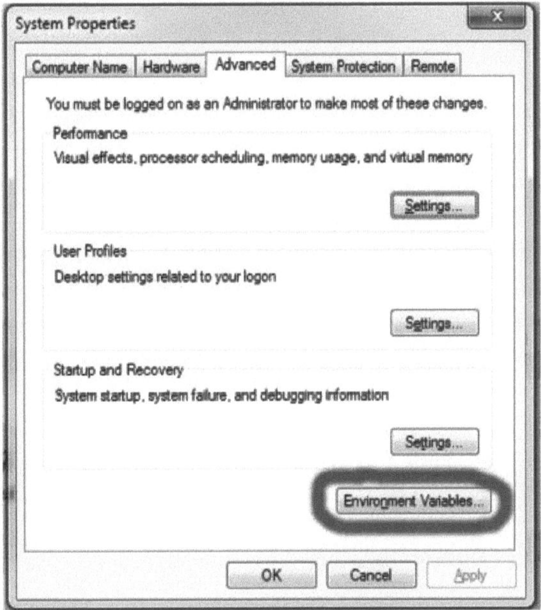

- Na secção Variáveis de sistema, clique em Novo...
- Para o Nome da variável, digite ZOOKEEPER_HOME. O valor da variável será o diretório de onde o ZooKeeper foi instalado. No meu caso, por exemplo, seria C:\dev\tools\zookeeper-3.x.x.

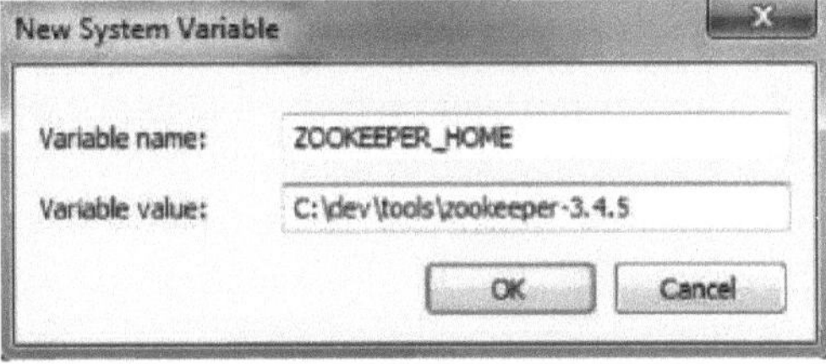

- Agora temos de editar a variável PATH. Seleccione Path na lista e clique em Edit...

- É MUITO importante que NÃO apague o valor pré-existente da variável Path. No final do valor da variável, adicione o seguinte: %ZOOKEEPER_HOME%\bin; Além disso, cada valor precisa ser separado por ponto e vírgula.

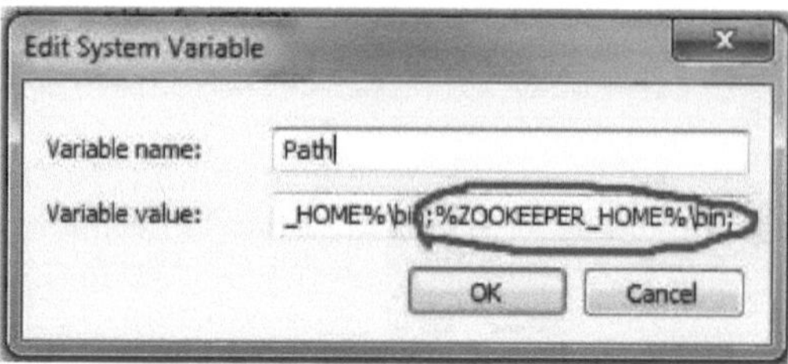

- Uma vez feito isso, clique em OK e saia de todos eles.

Isso cuida da parte da instalação do ZooKeeper. Agora temos que configurá-lo para que a instância do ZooKeeper seja executada corretamente.

2. Configuração do servidor ZooKeeper

Se você olhar para o <diretório de instalação do zookeeper>, deve haver uma pasta conf. Abra-a e verá um ficheiro zoo-sample.cfg. Copie e cole-o no mesmo diretório, o que deve produzir um arquivo zoo-sample - Copy.cfg. Abra-o com o seu editor de texto favorito (o Microsoft Notepad também deve funcionar).

Publicidade

Editar o ficheiro da seguinte forma:

tickTime=2000

initLimit=5

syncLimit=5

dataDir=/usr/zookeeper/data

clientPort=2181

server.1=localhost:2888:3888

NOTA: não precisa mesmo das linhas 2 (initLimit=5), 3 (syncLimit=5) e 6 (server.1=localhost:2888:3888). Elas estão lá apenas para fins de boas práticas, e especialmente para configurar um cluster multi-servidor, o que nós não vamos fazer aqui. Salve-o como zoo.cfg. Também o arquivo original zoo-sample.cfg, vá em frente e exclua-o, pois ele não é necessário.

O próximo passo é criar um ficheiro myid. Se reparou anteriormente no ficheiro zoo.cfg, escrevemos dataDir=/usr/zookeeper/data. Este é, na verdade, um diretório que vai ter de criar na drive C. Simplificando, este é o diretório que o ZooKeeper vai procurar para identificar essa instância do ZooKeeper. Vamos escrever 1 nesse ficheiro.

Por isso, crie o diretório usr/zookeeper/data e abra o seu editor de texto preferido.

Basta escrever 1 e guardá-lo como myid, definir o tipo de ficheiro como Todos os ficheiros. Isto pode não ser insignificante, mas não lhe vamos dar qualquer extensão de ficheiro, isto é apenas por convenção.

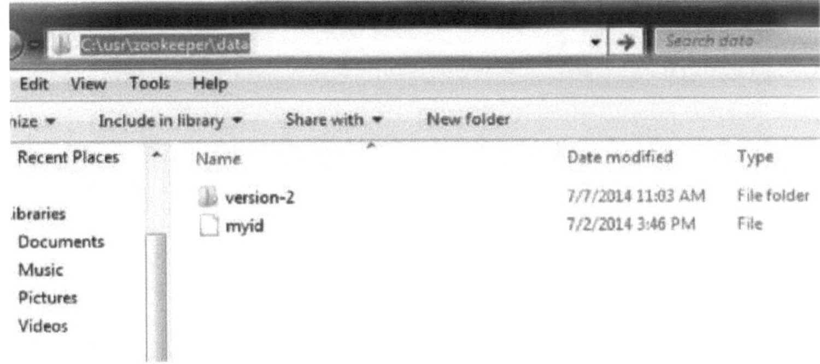

Não se preocupe com o diretório da versão 2 da imagem. Ele é gerado automaticamente quando se inicia a instância do servidor ZooKeeper.

Neste ponto, você deve ter terminado de configurar o ZooKeeper. Agora, feche tudo, clique no botão Iniciar e abra um prompt de comando.

3. Testar uma instância do servidor ZooKeeper em execução

Escreva o seguinte comando: zkServer.cmd e prima enter. Deverá obter alguns

lixo como este que não significa muito para nós.

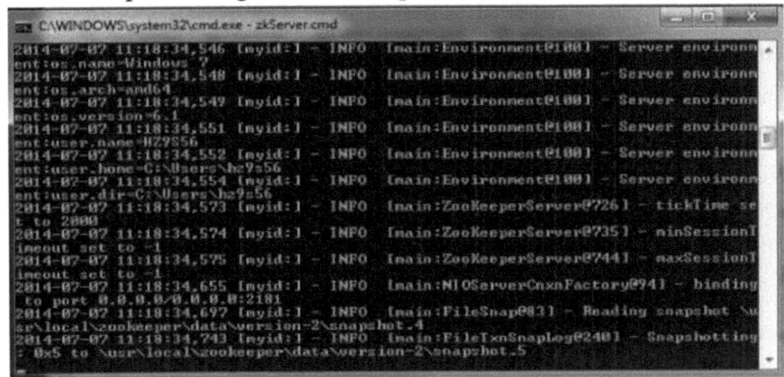

Agora abra outro prompt de comando em uma nova janela. Digite o seguinte comando: zkCli.cmd e pressione enter. Assumindo que fez tudo corretamente, deverá obter [zk: localhost:2181<CONNECTED> 0] na última linha. Veja a imagem abaixo:

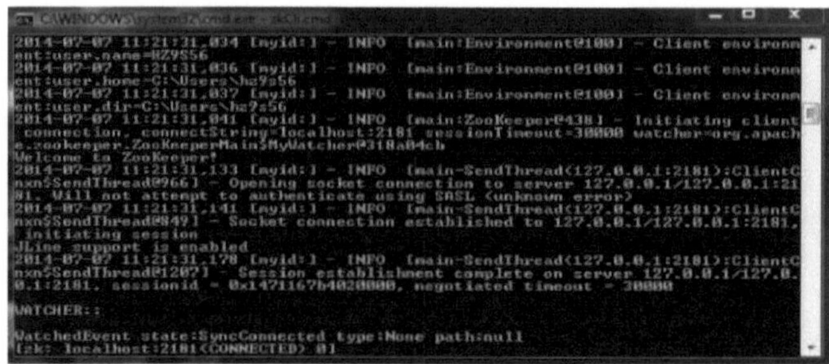

PERGUNTAS

1. Quais são os principais componentes de um cluster Hadoop e que funções desempenham?

2. Explicar o processo de configuração de um cluster Hadoop com vários nós.

3. Descreva o objetivo dos ficheiros de configuração do Hadoop (core-site.xml, hdfs-site.xml, etc.).

4. Como é que se configura a replicação de dados e o tamanho do bloco no HDFS do Hadoop?

5. O que é o YARN e como é que melhora a gestão de recursos do Hadoop?

6. Explicar a diferença entre o ResourceManager e o NodeManager no YARN.

7. Qual é a função do CapacityScheduler e do FairScheduler no YARN?

8. O que é o Apache Pig e que problema resolve no ecossistema Hadoop?

9. Como é que se instala e configura o Apache Pig?

10. Descrever a linguagem de script Pig Latin e as suas principais construções.

11. Fornecer uma visão geral do Apache Hive e do seu papel no ecossistema Hadoop.

12. Como é que se instala e configura o Apache Hive?

13. O que é o HiveQL e qual é a sua diferença em relação ao SQL tradicional?

14. O que é o Apache ZooKeeper e qual o seu papel nos sistemas distribuídos?

15. Como é que se instala e configura o Apache ZooKeeper?

## CAPÍTULO IV

TECNOLOGIAS AVANÇADAS DE GRANDES VOLUMES DE DADOS

A secção introduz tecnologias avançadas de grandes volumes de dados para além do Hadoop. Começa com o Oozie, um sistema de agendamento de fluxo de trabalho para gerir trabalhos Hadoop. O Apache Spark é então explorado pelas suas capacidades de processamento na memória, seguido de uma análise das limitações do Hadoop e das estratégias para as ultrapassar. A secção prossegue com a introdução do Apache Flink para análise em lote e aprofunda a extração de grandes volumes de dados com bases de dados NoSQL, destacando as suas vantagens e diferentes tipos. São também apresentadas bases de dados NoSQL específicas, como o HBase, o MongoDB e o Cassandra, que fornecem informações sobre as suas características e casos de utilização em aplicações de grandes volumes de dados.

4.1 APRESENTAÇÃO DO OOZIE

O Oozie é um programador de fluxo de trabalho de código aberto e um sistema de coordenação utilizado para gerir e automatizar o processamento de dados e a execução de tarefas em ecossistemas Hadoop. Foi originalmente desenvolvido pela Yahoo e é agora um projeto da Apache Software Foundation, o que significa que está disponível gratuitamente e é suportado pela comunidade de código aberto. O Oozie foi concebido principalmente para orquestrar fluxos de trabalho de dados complexos em clusters Hadoop, permitindo aos utilizadores criar, agendar e monitorizar várias tarefas e trabalhos como parte de um fluxo de trabalho.

As principais características e componentes do Oozie incluem:

1. Programador de fluxos de trabalho: O Oozie permite-lhe definir e agendar fluxos de trabalho, que são sequências de acções ou tarefas que têm de ser executadas numa ordem específica. Estes fluxos de trabalho podem incluir uma mistura de tarefas Hadoop, tarefas Spark, consultas Hive e muito mais.

2. Coordenadores: A funcionalidade de coordenador do Oozie permite-lhe criar e gerir horários de tarefas baseados em tempo ou em dados. Isto é útil para cenários em que pretende acionar fluxos de trabalho com base em intervalos de tempo específicos ou quando determinados dados ficam disponíveis.

3. Acções: As acções no Oozie representam tarefas individuais ou trabalhos a serem executados, tais como trabalhos MapReduce, scripts Pig, scripts Shell, entre outros. O Oozie suporta uma variedade de tipos de acções que

são comuns nos ecossistemas Hadoop.

4. Extensível: O Oozie é extensível, permitindo-lhe integrá-lo com diferentes ferramentas e serviços do ecossistema Hadoop. Pode criar acções personalizadas para executar tarefas especializadas nos seus fluxos de trabalho.

5. Interface gráfica da Web: O Oozie fornece uma interface de utilizador baseada na Web para gerir e monitorizar fluxos de trabalho e coordenadores. Isto torna mais fácil para os utilizadores acompanharem o progresso dos seus trabalhos de processamento de dados.

6. Integração com o ecossistema Hadoop: Oozie integra-se perfeitamente com vários componentes do ecossistema Hadoop, como o Hadoop Distributed File System (HDFS), o Hadoop MapReduce, o Apache Hive, o Apache Pig e o Apache Spark.

Os casos de utilização típicos do Oozie incluem processos ETL (Extract, Transform, Load) de dados, armazenamento de dados, processamento de registos e outras tarefas de processamento em lote em ambientes de grandes volumes de dados. O Oozie simplifica a gestão de fluxos de trabalho de dados complexos, fornecendo uma ferramenta centralizada para agendar e monitorizar estas tarefas.

Para utilizar o Oozie de forma eficaz, normalmente define os seus fluxos de trabalho, acções e coordenadores em ficheiros XML e, em seguida, utiliza a interface de linha de comandos do Oozie ou a interface baseada na Web para submeter e gerir execuções de tarefas. A extensibilidade do Oozie permite-lhe adaptá-lo a vários casos de utilização específicos no seu pipeline de processamento de grandes volumes de dados.

O Oozie é uma ferramenta valiosa para as organizações que trabalham com processamento de dados em grande escala no Hadoop e em tecnologias relacionadas, e ajuda a garantir que os fluxos de trabalho de dados são executados de forma fiável e dentro do prazo.

4.2 CENTELHA DE APACHE

O Apache Spark é uma estrutura de processamento de dados distribuída e de código aberto que fornece capacidades de processamento de dados rápidas e de objetivo geral para grandes volumes de dados e análises. Foi desenvolvido em resposta às limitações da estrutura Hadoop MapReduce, oferecendo melhorias significativas em termos de desempenho e versatilidade. O Apache Spark foi concebido para ser fácil de utilizar, suportar uma vasta gama de cargas de trabalho e integrar-se com várias fontes de dados e ferramentas. Aqui estão alguns dos principais aspectos do Apache Spark:

1. Processamento na memória: Uma das características mais significativas

do Apache Spark é a sua capacidade de processar dados na memória, o que pode resultar num processamento de dados muito mais rápido do que os sistemas tradicionais baseados em disco, como o Hadoop MapReduce. A computação na memória do Spark permite que ele armazene em cache e reutilize dados em várias operações, reduzindo a sobrecarga de E/S de dados.

2. Facilidade de utilização: O Spark fornece APIs de alto nível para várias linguagens de programação, incluindo Scala, Java, Python e R. Isto torna-o acessível a uma vasta gama de programadores e cientistas de dados. Também oferece uma API mais fácil de utilizar do que o MapReduce do Hadoop.

3. Versatilidade: O Spark é uma estrutura versátil que suporta processamento em lote, streaming de dados em tempo real, aprendizagem automática, processamento de gráficos e consultas SQL interactivas. Isto torna-o adequado para um amplo espetro de tarefas de processamento de dados.

4. Tolerância a falhas: Semelhante ao Hadoop, o Spark oferece tolerância a falhas ao replicar dados em vários nós. Se um nó falhar, o Spark pode recuperar os dados perdidos recomputando as partições afectadas.

5. Integração: O Spark integra-se com uma variedade de fontes de dados, incluindo o HDFS (Hadoop Distributed File System), o Apache HBase, o Apache Hive e muito mais. Ele também fornece conectores para sistemas de armazenamento de dados e bancos de dados populares.

6. Bibliotecas de aprendizagem automática: Spark MLlib é uma biblioteca de aprendizado de máquina que vem com o Spark, fornecendo ferramentas para construir, treinar e implantar modelos de aprendizado de máquina. Suporta vários algoritmos e pipelines para análise de dados e modelação preditiva.

7. Fluxo de dados: O Spark Streaming é um módulo que permite o processamento de dados em tempo real e o processamento de fluxo. Pode processar dados de fontes como o Apache Kafka e integrar-se com bibliotecas de análise e aprendizagem automática.

8. Processamento de gráficos: O Spark GraphX é uma biblioteca de processamento de gráficos criada com base no Spark que permite realizar análises de gráficos e processar dados de gráficos.

9. Comunidade e ecossistema: O Apache Spark tem uma comunidade de código aberto grande e ativa que desenvolve e mantém continuamente o projeto. É também bem apoiado por vários fornecedores comerciais e integra-se noutras tecnologias e ferramentas de grandes volumes de dados.

10. Computação distribuída: O Spark foi concebido para funcionar num ambiente de cluster distribuído, permitindo o escalonamento horizontal e a

utilização eficiente de recursos num cluster de máquinas.

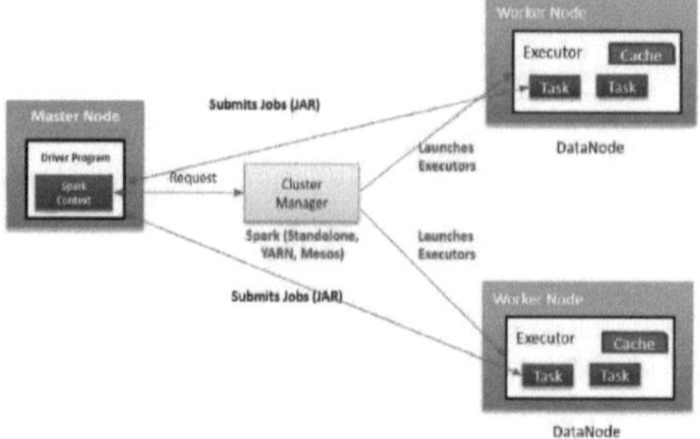

O Apache Spark é amplamente adotado em vários sectores e aplicações, incluindo finanças, comércio eletrónico, cuidados de saúde, entre outros. A sua capacidade para processar tanto em lote como em tempo real, juntamente com o seu suporte para aprendizagem automática e processamento de gráficos, torna-o uma ferramenta poderosa para a análise de grandes volumes de dados e para a tomada de decisões com base em dados.

4.3 LIMITAÇÕES DO HADOOP E SUA SUPERAÇÃO

O Hadoop é uma estrutura amplamente utilizada para o armazenamento e processamento distribuídos de grandes volumes de dados. No entanto, tem algumas limitações e foram feitos esforços para as ultrapassar. Seguem-se algumas limitações comuns do Hadoop e formas de as ultrapassar:

1. Processamento em lote: O Hadoop suporta principalmente o processamento em lote, o que significa que não é adequado para o processamento de dados em tempo real ou quase em tempo real. Para ultrapassar esta limitação, é necessário utilizar tecnologias complementares como o Apache Spark, o Apache Flink ou estruturas de processamento de fluxo como o Apache Kafka e o Apache Samza.

2. Complexidade: o ecossistema do Hadoop pode ser complexo e requer conhecimentos especializados para ser configurado e mantido. Simplificar e racionalizar a implementação e a gestão, bem como fornecer APIs fáceis de utilizar, pode ajudar a resolver esta limitação. Ferramentas como clusters Hadoop, serviços Hadoop baseados na nuvem e tecnologias de contentorização também podem simplificar a implementação.

3. Suporte limitado a consultas interactivas: Embora o Hadoop forneça o Hive e o Impala para a consulta de dados, o desempenho da consulta interactiva pode ser lento. Foram desenvolvidas ferramentas como o Apache Drill e o Presto para melhorar as capacidades de consulta interactiva.

4. Escalabilidade do Namenode: O Sistema de Ficheiros Distribuídos

Hadoop (HDFS) utiliza um único Namenode para a gestão de metadados, que pode tornar-se um estrangulamento à medida que o cluster aumenta de escala. Foram feitos esforços para melhorar a escalabilidade do HDFS, introduzindo o conceito de Namenodes federados ou de alta disponibilidade.

5. Gerenciamento de recursos: O sistema de gestão de recursos nativo do Hadoop, YARN (Yet Another Resource Negotiator), pode por vezes ser difícil de gerir. Ferramentas como o Apache Mesos e o Kubernetes oferecem recursos aprimorados de gerenciamento de recursos.

6. Segurança de dados: A estrutura de segurança do Hadoop, Kerberos, pode ser complexa de instalar e configurar. Projectos como o Apache Ranger e o Apache Knox foram desenvolvidos para simplificar e melhorar a segurança dos dados no Hadoop.

7. Localidade dos dados: Embora o Hadoop promova a localidade de dados movendo a computação para os dados, ainda pode haver ineficiências na movimentação de dados entre os nós. A otimização da colocação de dados e a melhoria dos algoritmos de localidade de dados podem ajudar a atenuar esta limitação.

8. Falta de processamento em tempo real: O Hadoop não foi originalmente concebido para o processamento de dados em tempo real. Para ultrapassar esta limitação, foram integradas nos ecossistemas Hadoop estruturas de processamento de dados em tempo real, como o Apache Kafka, o Apache Storm e o Apache Samza.

9. Eficiência de armazenamento: O Hadoop armazena várias cópias de dados para tolerância a falhas, o que pode exigir muito do armazenamento. Técnicas como erasure coding e armazenamento em camadas ajudam a melhorar a eficiência do armazenamento, mantendo a tolerância a falhas.

10. Integração do ecossistema: Os componentes do ecossistema do Hadoop podem, por vezes, ser desarticulados, exigindo um esforço adicional para integrar diferentes ferramentas. Foram feitos esforços para melhorar a integração e a interoperabilidade entre os projectos do ecossistema Hadoop.

11. Complexidade do modelo de programação: A programação do Hadoop MapReduce pode ser complexa, especialmente para os programadores que não estão familiarizados com a estrutura. O Apache Spark e outras abstracções de nível superior fornecem modelos de programação mais fáceis de programar.

12. Suporte limitado para tipos de dados complexos: Tradicionalmente, o Hadoop concentrava-se em dados estruturados. Para lidar com dados semi-estruturados ou não estruturados, foram desenvolvidas tecnologias como o Apache Avro, o Apache Parquet e o Apache ORC.

Ultrapassar estas limitações implica muitas vezes a adoção e integração de outras tecnologias e ferramentas que complementam o Hadoop ou abordam desafios específicos. O Hadoop continua a evoluir e a comunidade de código aberto trabalha ativamente na melhoria das suas capacidades e na resolução das suas limitações. Como resultado, o Hadoop é frequentemente utilizado como parte de um ecossistema de grandes volumes de dados mais alargado, com várias tecnologias a trabalharem em conjunto para criar soluções de dados abrangentes.

4.4 INTRODUÇÃO AO FLINK

O Apache Flink é uma estrutura de processamento de fluxo e de processamento em lote de código aberto concebida para grandes volumes de dados e análises em tempo real. Fornece processamento de dados de alto rendimento, baixa latência e tolerante a falhas, tornando-o uma ferramenta poderosa para aplicações que requerem processamento de dados em tempo real, processamento em tempo de evento e cálculos com estado. O Flink foi desenvolvido pela Apache Software Foundation e ganhou uma popularidade significativa no ecossistema de Big Data. Aqui está uma introdução ao Apache Flink:

Principais características e características:

1. Processamento de fluxo: O foco principal do Flink é o processamento de fluxo, permitindo processar dados à medida que eles chegam em tempo real. Isso é valioso para aplicações como deteção de fraudes, monitoramento e recomendações.

2. Processamento em lote: O Flink é versátil e também suporta processamento em lote. É possível alternar perfeitamente entre o processamento em lote e em fluxo dentro da mesma estrutura, o que simplifica os pipelines de processamento de dados.

3. Processamento de tempo de evento: O Flink tem suporte integrado para processamento de tempo de evento, permitindo o tratamento de dados fora de ordem e dados com carimbos de data/hora. Isso é essencial para aplicações como agregações em janelas e resultados precisos.

4. Tolerância a falhas: O Flink oferece forte tolerância a falhas por meio de mecanismos como o checkpointing, que garante que os dados sejam processados de forma consistente no caso de falhas de nós ou outros problemas.

5. Computações com estado: O Flink permite computações com estado, tornando-o adequado para aplicações em que é necessário manter e atualizar informações de estado ao longo do tempo, como análise de sessão ou agregações.

6. Grande variedade de conectores: O Flink suporta vários conectores para fontes e coletores de dados, incluindo Apache Kafka, Apache Cassandra, Hadoop HDFS e muito mais.

7. APIs ricas: O Flink fornece APIs em Java e Scala, que o tornam acessível a uma vasta gama de programadores. As APIs foram concebidas para serem intuitivas e fáceis de desenvolver.

8. Comunidade e ecossistema: O Apache Flink tem uma comunidade de código aberto vibrante e um ecossistema crescente de bibliotecas, conectores e ferramentas. Este ecossistema

continua a evoluir e a expandir-se.

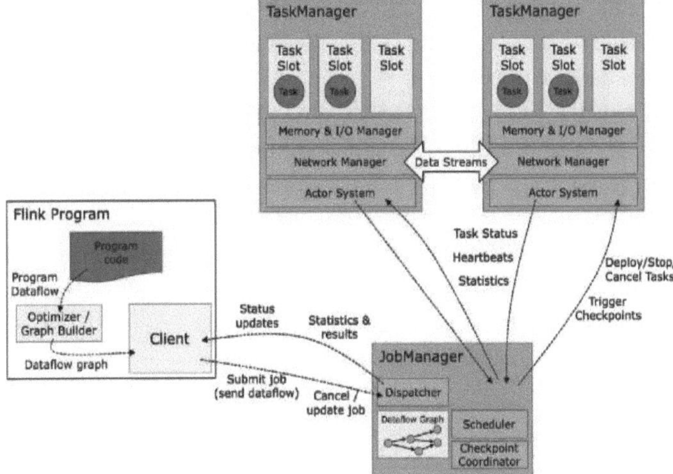

Casos de utilização:

O Flink é adequado para uma variedade de casos de uso de processamento e análise de dados em tempo real, incluindo:

1. Análise em tempo real: O Flink pode analisar e responder a fluxos de dados em tempo real, o que o torna ideal para aplicações como o acompanhamento do comportamento do utilizador e dashboards em tempo real.

2. Deteção de fraudes: A capacidade do Flink para processar dados em tempo real permite-lhe detetar e responder a actividades potencialmente fraudulentas à medida que estas ocorrem.

3. Monitoramento e alertas: O Flink pode processar e analisar logs de sistemas e aplicativos em tempo real, permitindo a deteção instantânea de problemas e a emissão de alertas.

4. Motores de recomendação: O Flink é utilizado para criar sistemas de

recomendação em tempo real que fornecem sugestões personalizadas aos utilizadores.

5. Processamento de dados IoT: Com o crescente volume de dados gerados por dispositivos IoT, o Flink é uma ferramenta poderosa para processar e analisar esses dados em tempo real.

6. Comércio eletrónico e publicidade: O Flink é utilizado para segmentação de anúncios em tempo real, recomendações de produtos e campanhas de marketing personalizadas.

O Apache Flink ganhou popularidade na comunidade de Big Data devido à sua velocidade, flexibilidade e capacidades de processamento em tempo real. É amplamente adotado pelas organizações para várias aplicações orientadas para os dados que requerem conhecimentos instantâneos e respostas atempadas a dados em mudança.

4.5 ANÁLISE DE LOTES UTILIZANDO O FLINK

A análise em lote usando o Apache Flink envolve o processamento e a análise de grandes volumes de dados de uma maneira orientada a lotes. O Flink, que é conhecido principalmente pelo processamento de fluxo em tempo real, também suporta o processamento em lote, permitindo alternar perfeitamente entre os dois modos dentro da mesma estrutura. Aqui estão as etapas para executar a análise em lote usando o Flink:

1. Configurando seu ambiente de desenvolvimento:
- Certifique-se de que tem o Java e o Apache Flink instalados e configurados no seu sistema.

2. Criar ou obter dados do lote:
- Para realizar análises em lote, é necessário um conjunto de dados para analisar. Ele pode ser armazenado em vários formatos, como arquivos de texto, CSV, JSON ou qualquer outro formato suportado pelo Flink.

3. Escreva um programa Flink Batch:
- Crie um programa em lote do Flink que defina a fonte de dados, as operações de transformação e os sumidouros de dados. O Flink fornece APIs de alto nível para trabalhar com dados em lote, tornando relativamente fácil escrever código de processamento em lote.

4. Definir uma fonte de dados:
- Use o 'ExecutionEnvironment' do Flink para criar uma fonte de dados para sua tarefa em lote. Você pode ler dados de arquivos, bancos de dados ou outros sistemas de armazenamento de dados.

```java
ExecutionEnvironment env = ExecutionEnvironment.getExecutionEnvironment();
```

DataSet<String> inputDataSet = env.readTextFile("path/to/your/batch-data.csv");
5. Transformar dados:
- Aplicar operações de transformação para processar os dados. O Flink fornece operações como "map", "filter", "reduce", "join" e muitas outras para a manipulação de dados.
'''java
DataSet<String> filteredData = inputDataSet.filter(data ->
data.contains("specific_keyword")); '''
6. Efetuar agregações:
- Se a sua análise em lote envolver agregações ou cálculos, utilize as funções de agregação do Flink, tais como 'groupBy', 'sum', 'max', 'min', entre outras.
'''java
DataSet<Tuple2<String, Integer" result = filteredData
.map(dados -> new Tuple2<>(dados, 1))
.groupBy(O) .sum(1); '''
7. Definir sumidouros de dados:
- Especifique onde pretende escrever os resultados da sua análise em lote. Podem ser ficheiros, bases de dados ou outros sistemas de armazenamento.
'''java
result.writeAsCsv("path/to/output.csv", WriteMode.OVERWRITE); '''
8. Executar o Flink Batch Job:
- Envie seu trabalho em lote do Flink para execução. Você pode fazer isso a partir da linha de comando usando o comando 'flink run' ou programaticamente dentro da sua aplicação.
'''java
env.execute("Batch Analytics Job"); '''
9. Monitorizar e analisar os resultados:
- Monitorize o progresso e a conclusão da sua tarefa em lote utilizando o painel de controlo Web do Flink em 'http://localhost:8081'. Reveja os resultados da sua análise quando o trabalho estiver concluído.
10. Tratamento de erros e dimensionamento:
- Considere o tratamento de erros e a otimização do desempenho para conjuntos de dados maiores, configurando o paralelismo, as definições de memória e a atribuição de recursos.

A análise em lote usando o Flink oferece flexibilidade e escalabilidade para processar grandes conjuntos de dados de forma eficiente. É adequado para vários casos de uso, incluindo preparação de dados, limpeza de dados, ETL (Extrair, Transformar, Carregar) e consultas analíticas em dados históricos. O poderoso modelo de programação e as optimizações de desempenho do Flink fazem dele uma ferramenta valiosa para o processamento em lote em aplicações de grandes volumes de dados.

4.6 MINERAÇÃO DE GRANDES DADOS COM NoSQL

A "extração de grandes volumes de dados com NoSQL" refere-se ao processo de aplicação de técnicas de extração de dados a conjuntos de dados grandes e complexos armazenados em bases de dados NoSQL. As bases de dados NoSQL são uma categoria de bases de dados concebidas para lidar com grandes quantidades de dados que não se enquadram perfeitamente nas bases de dados relacionais tradicionais. São normalmente utilizadas em aplicações de grandes volumes de dados e em tempo real, em que as estruturas de dados são flexíveis e a escalabilidade é uma preocupação fundamental.

Eis os principais passos e considerações para realizar a extração de grandes volumes de dados com bases de dados NoSQL:

1. Recolha e ingestão de dados:

- Recolher e ingerir dados de várias fontes na sua base de dados NoSQL. Estes dados podem ser estruturados, semi-estruturados ou não estruturados e podem provir de fontes como registos da Web, dados de sensores, redes sociais ou outras fontes.

2. Pré-processamento de dados:

- Preparar os dados para extração através da sua limpeza, transformação e normalização. Isto pode envolver o tratamento de valores em falta, o tratamento de duplicados e a conversão de dados num formato adequado.

3. Escolha uma base de dados NoSQL:

- Seleccione a base de dados NoSQL adequada às suas necessidades. As bases de dados NoSQL comuns incluem bases de dados orientadas para documentos (por exemplo, MongoDB), armazenamentos de valores chave (por exemplo, Redis), armazenamentos de colunas (por exemplo, Apache Cassandra) e bases de dados de grafos (por exemplo, Neo4j). A escolha da base de dados depende do seu modelo de dados e dos seus requisitos.

4. Armazenamento e indexação de dados:

- Armazenar os dados pré-processados na base de dados NoSQL e criar índices adequados para uma recuperação eficiente. Certifique-se de que a sua base de dados consegue lidar com a escala e a complexidade dos seus dados.

5. Selecionar algoritmos de extração de dados:

- Escolha os algoritmos de extração de dados adequados com base nos seus objectivos. As técnicas comuns de extração de dados incluem o agrupamento, a classificação, a regressão, a extração de regras de associação e a deteção de anomalias. As bases de dados NoSQL oferecem flexibilidade em termos de esquema e tipos de dados, o que pode ser vantajoso para determinadas tarefas de extração de dados.

6. Extração de dados com NoSQL:

- Executar algoritmos de extração de dados nos dados armazenados na sua base de dados NoSQL. Poderá ser necessário escrever scripts personalizados ou utilizar bibliotecas de extração de dados que possam interagir com a base de dados NoSQL escolhida.

7. Processamento paralelo e distribuído:

- Tendo em conta os grandes volumes de dados normalmente associados aos grandes volumes de dados, considere a possibilidade de utilizar estruturas de processamento paralelo e distribuído como o Apache Hadoop ou o Apache Spark para uma extração de dados eficiente. Estas estruturas podem funcionar em conjunto com bases de dados NoSQL.

8. Engenharia de recursos:

- Efectue a engenharia de características para extrair características relevantes dos seus dados. Isto pode incluir a criação de novas características, a redução da dimensionalidade ou a seleção de características para melhorar a precisão dos modelos de extração de dados.

9. Formação e avaliação de modelos:

- Treine os seus modelos de extração de dados utilizando os dados preparados. Avalie o desempenho do modelo através de técnicas como validação cruzada, análise ROC ou outras métricas relevantes para avaliar a qualidade dos seus modelos.

10. Visualização e Interpretação:

- Visualize os resultados dos seus esforços de extração de dados para obter informações e interpretar as conclusões. Isto pode implicar a criação de gráficos, quadros e dashboards para apresentar as suas conclusões de uma forma fácil de utilizar.

11. Aprendizagem contínua:

- A extração de dados é um processo iterativo. Aperfeiçoe continuamente os seus modelos e análises com base no feedback e nas informações obtidas em execuções anteriores.

A extração de grandes volumes de dados com bases de dados NoSQL pode revelar informações e padrões valiosos em conjuntos de dados grandes e complexos. É essencial escolher a combinação certa de bases de dados NoSQL, técnicas de extração de dados e ferramentas para processar, analisar e extrair eficazmente informações significativas dos seus grandes volumes de dados.

4.7 PORQUÊ NoSQL

As bases de dados NoSQL são escolhidas em vez das bases de dados relacionais tradicionais por várias razões, dependendo do caso de utilização específico e dos requisitos de uma aplicação. Eis algumas das principais razões pelas quais as organizações optam por bases de dados NoSQL:

1. Escalabilidade: As bases de dados NoSQL foram concebidas para lidar com grandes volumes de dados e cargas de tráfego elevadas, o que as torna altamente escaláveis. Podem distribuir dados por vários servidores ou clusters, permitindo o escalonamento horizontal à medida que os dados crescem. Esta escalabilidade é crucial para aplicações que lidam com grandes volumes de dados, aplicações Web e análises em tempo real.

2. Flexibilidade e design sem esquema: As bases de dados NoSQL permitem modelos de dados flexíveis e dinâmicos. Ao contrário das bases de dados relacionais que requerem um esquema predefinido,

As bases de dados NoSQL podem acomodar várias estruturas de dados, incluindo JSON, XML, pares de valores chave e muito mais. Esta flexibilidade é ideal para aplicações em que a estrutura de dados evolui ao longo do tempo.

3. Alto desempenho: As bases de dados NoSQL são optimizadas para operações de leitura e escrita. Eles podem oferecer acesso a dados de baixa latência e alta taxa de transferência, o que é fundamental para aplicativos que exigem processamento de dados em tempo real ou quase em tempo real. Esta vantagem de desempenho é muitas vezes essencial para aplicações Web, jogos e análises em tempo real.

4. Distribuição e alta disponibilidade: Muitas bases de dados NoSQL oferecem capacidades de distribuição e replicação incorporadas. Isso garante a disponibilidade dos dados e a tolerância a falhas, reduzindo o risco de perda de dados em caso de falhas de hardware. O armazenamento de dados distribuído é especialmente valioso para aplicações que requerem elevada disponibilidade e fiabilidade.

5. Particionamento horizontal: As bases de dados NoSQL suportam o particionamento horizontal, que permite a fragmentação de dados em vários nós. Esta abordagem distribui a carga de dados uniformemente pelos servidores, evitando estrangulamentos e garantindo um armazenamento e recuperação de dados eficientes. O particionamento horizontal é essencial para aplicações de grandes volumes de dados.

6. Suporte para dados não estruturados: As bases de dados NoSQL são adequadas para lidar com dados não estruturados ou semi-estruturados, como conteúdo de redes sociais, dados de sensores e registos. Podem armazenar e

consultar de forma eficiente diversos tipos de dados sem as restrições de um esquema fixo.

7. Produtividade do programador: As bases de dados NoSQL fornecem frequentemente APIs e bibliotecas de fácil utilização para os programadores. Foram concebidas para acelerar o desenvolvimento e a implementação de aplicações, simplificando o trabalho dos programadores com os dados.

8. Custo-eficácia: As bases de dados NoSQL podem ser mais económicas em determinados cenários do que as bases de dados relacionais tradicionais. Requerem menos recursos de hardware e podem ser implementadas em servidores de base. Esta relação custo-eficácia é especialmente importante para empresas em fase de arranque e organizações com restrições orçamentais.

9. Adequação a casos de uso: As bases de dados NoSQL são adequadas para casos de utilização específicos, como sistemas de gestão de conteúdos, plataformas de comércio eletrónico, análises em tempo real, aplicações IoT e muito mais. São escolhidas com base nos requisitos da aplicação, no volume de dados e nos padrões de acesso.

10. Sem ponto único de falha: Algumas bases de dados NoSQL são concebidas para não terem um ponto único de falha, garantindo o acesso contínuo aos dados mesmo quando alguns nós ou servidores falham. Esta caraterística é crucial para aplicações em que o tempo de inatividade não é aceitável.

11. Comunidade e ecossistema: Muitas bases de dados NoSQL têm comunidades activas de código aberto e um ecossistema crescente de ferramentas, bibliotecas e suporte de terceiros, facilitando a sua integração em aplicações.

Embora as bases de dados NoSQL ofereçam inúmeras vantagens, é importante notar que não são uma solução única para todos. A escolha entre o NoSQL e o tradicional

As bases de dados SQL devem ser criadas com base nos requisitos específicos da aplicação, nas necessidades de modelação de dados e na carga de trabalho prevista. Em alguns casos, uma abordagem híbrida que combine os dois tipos de bases de dados pode ser a melhor solução.

4.8 BASES DE DADOS NoSQL

As bases de dados NoSQL, muitas vezes designadas por bases de dados "Not Only SQL", são uma categoria de sistemas de gestão de bases de dados que proporcionam uma abordagem flexível e escalável para armazenar e recuperar dados. Ao contrário das bases de dados relacionais tradicionais, que se baseiam num esquema fixo e em dados estruturados, as bases de dados

NoSQL podem acomodar vários modelos de dados, incluindo dados não estruturados ou semi-estruturados. São particularmente adequadas para grandes volumes de dados, aplicações em tempo real e cenários em que o esquema de dados não está claramente definido de antemão. Eis alguns tipos comuns de bases de dados NoSQL:

1. Bases de dados de documentos:
- Exemplos: MongoDB, Couchbase, CouchDB
- Principais características: As bases de dados de documentos armazenam dados em documentos flexíveis e semi-estruturados, normalmente em formato JSON ou XML. Cada documento pode ter uma estrutura diferente e as consultas são efectuadas no conteúdo do documento.

2. Armazenamento de chave-valor:
- Exemplos: Redis, Amazon DynamoDB, Riak
- Principais características: Os armazenamentos de chave-valor são a forma mais simples de bases de dados NoSQL, em que os dados são armazenados como pares de chave-valor. Têm um elevado desempenho e são frequentemente utilizados para aplicações de cache e em tempo real.

3. Coluna - Lojas familiares:
- Exemplos: Apache Cassandra, HBase, ScyllaDB
- Características principais: Os armazenamentos de família de colunas organizam os dados em famílias de colunas, em que cada família de colunas contém várias linhas. Eles são adequados para cargas de trabalho com uso intensivo de gravação e podem ser escalados horizontalmente.

4. Bases de dados de grafos:
- Exemplos: Neo4j, Amazon Neptune, OrientDB
- Principais características: As bases de dados de grafos são concebidas para gerir e consultar dados altamente ligados, o que as torna ideais para aplicações como redes sociais, motores de recomendação e deteção de fraudes.

5. Lojas de coluna larga:
- Exemplos: Apache Cassandra, HBase
- Características principais: Os armazenamentos de colunas largas armazenam dados em colunas, semelhantes aos armazenamentos de família de colunas. São optimizados para armazenar grandes volumes de dados e proporcionam operações de leitura e escrita eficientes.

6. Bases de dados de objectos (não tão comuns):
- Exemplos: db4o, Versant
- Características principais: As bases de dados de objectos armazenam dados como objectos, o que pode ser mais natural para aplicações de software

orientadas para objectos.

Principais características das bases de dados NoSQL:

- Flexibilidade de esquema: As bases de dados NoSQL permitem modelos de dados dinâmicos e flexíveis, facilitando a adaptação a requisitos de dados em constante mudança.

- Escalabilidade: As bases de dados NoSQL são concebidas para escalar horizontalmente, o que as torna adequadas para aplicações distribuídas e de grande escala.

- Alta disponibilidade: Muitas bases de dados NoSQL oferecem funcionalidades de replicação e distribuição incorporadas para garantir uma elevada disponibilidade e tolerância a falhas.

- Alto desempenho: As bases de dados NoSQL são optimizadas para operações de leitura e escrita, o que as torna adequadas para aplicações em tempo real e de elevado rendimento.

- Variedade de modelos de dados: As bases de dados NoSQL suportam uma variedade de modelos de dados, incluindo chave-valor, documento, família de colunas e gráfico.

- Comunidade e ecossistema: Muitas bases de dados NoSQL têm comunidades activas de código aberto, documentação extensa e um ecossistema crescente de ferramentas e bibliotecas.

É importante escolher o tipo certo de base de dados NoSQL para o seu caso de utilização específico, uma vez que cada tipo tem os seus próprios pontos fortes e fracos. A escolha da base de dados depende de factores como a natureza dos seus dados, os requisitos de escalabilidade, os padrões de acesso e o nível de consistência necessário para a sua aplicação. As bases de dados NoSQL são uma ferramenta valiosa no mundo dos grandes volumes de dados e das aplicações em tempo real, proporcionando flexibilidade e escalabilidade para satisfazer as exigências do processamento de dados moderno.

4.9 INTRODUÇÃO AO HBASE

HBase, abreviatura de "Hadoop Database" (base de dados Hadoop), é uma base de dados NoSQL distribuída e de código aberto, concebida para tratar grandes volumes de dados estruturados e semi-estruturados. Faz parte do ecossistema Apache Hadoop e baseia-se no Google Bigtable, fornecendo armazenamento e recuperação de dados escaláveis e eficientes. O HBase é conhecido por sua capacidade de fornecer operações de leitura e gravação de baixa latência, o que o torna adequado para aplicativos de big data e em tempo real. Aqui está uma introdução ao HBase:

Principais características do HBase:

1. Arquitetura distribuída: O HBase foi projetado para armazenamento e

processamento de dados distribuídos. Ele pode abranger vários servidores, o que o torna altamente escalável.

2. Armazenamento por família de colunas: Os dados no HBase são organizados em famílias de colunas, o que permite agrupar dados relacionados. Cada família de colunas pode conter várias colunas, e é possível adicionar novas colunas dinamicamente sem afetar os dados existentes.

3. Flexibilidade de esquema: O HBase oferece flexibilidade de esquema, permitindo o armazenamento de dados sem um esquema fixo. Isso é particularmente útil em aplicativos em que a estrutura de dados evolui com o tempo.

4. Consistência e disponibilidade: O HBase oferece níveis de consistência ajustáveis, permitindo escolher entre consistência forte e consistência eventual com base nos requisitos do seu aplicativo.

5. Alta taxa de transferência de gravação e leitura: O HBase é otimizado para alta taxa de transferência de gravação e leitura. Ele fornece acesso aleatório eficiente aos dados, o que é essencial para aplicativos em tempo real.

6. Compressão e filtros Bloom: O HBase inclui recursos para compressão de dados e filtros Bloom, que podem reduzir os requisitos de armazenamento e melhorar o desempenho da consulta.

7. Sharding automático: O HBase fragmenta automaticamente os dados, distribuindo-os entre diferentes regiões e servidores. Isso permite o dimensionamento horizontal à medida que o volume de dados aumenta.

8. Integração com o Hadoop: O HBase se integra perfeitamente ao ecossistema Hadoop, incluindo HDFS (Hadoop Distributed File System), Hive, Pig e Spark. Isso permite combinar processamento de dados em lote e em tempo real.

Casos de uso comuns do HBase:

1. Análise em tempo real: O HBase é usado para armazenar e analisar grandes volumes de dados em tempo real. É adequado para aplicações como deteção de fraudes, mecanismos de recomendação e sistemas de monitoramento.

2. Dados de séries temporais: O HBase é uma excelente opção para gerenciar dados de séries temporais, como logs, dados de sensores e dados do mercado financeiro.

3. Plataformas de mídia social: As redes sociais e as aplicações utilizam frequentemente o HBase para armazenar perfis de utilizadores, publicações e relações.

4. Internet das coisas (IoT): O HBase pode lidar com o influxo maciço de dados gerados por dispositivos IoT, tornando-o adequado para o armazenamento e a análise de dados da IoT.

5. Aprendizado de máquina: O HBase é utilizado como um armazenamento de dados para modelos de aprendizagem automática e dados de treino.

6. Sistemas de gerenciamento de conteúdo: Os sistemas de gestão de conteúdos utilizam o HBase para armazenar e recuperar conteúdos, perfis de utilizador e dados gerados pelo utilizador.

Desafios:

Embora o HBase ofereça vantagens significativas, ele também tem alguns desafios, incluindo complexidades na instalação e configuração. Gerenciar clusters do HBase e otimizar o desempenho pode ser exigente e normalmente requer conhecimento especializado em administração do HBase.

O HBase é uma ferramenta poderosa para organizações que lidam com big data e processamento de dados em tempo real. As suas capacidades de armazenamento de dados eficiente, acesso de baixa latência e integração perfeita com o ecossistema Hadoop fazem dele uma escolha valiosa para uma vasta gama de aplicações.

4.10 INTRODUÇÃO AO MONGODB

O MongoDB é um popular sistema de gestão de bases de dados NoSQL de código aberto, conhecido pela sua flexibilidade, escalabilidade e facilidade de utilização. Pertence à categoria de bases de dados NoSQL orientadas para documentos e foi concebido para lidar com uma vasta gama de tipos de dados e modelos de dados, tornando-o adequado para várias aplicações. O MongoDB é amplamente utilizado em aplicações Web e móveis, sistemas de gestão de conteúdos e outros cenários em que o armazenamento flexível de dados e o acesso em tempo real são essenciais. Aqui está uma introdução ao MongoDB:

Principais características do MongoDB:

1. Orientado a documentos: O MongoDB armazena dados num formato de documento, normalmente em BSON (Binary JSON), o que lhe permite representar estruturas de dados e relações complexas num único documento. Cada documento pode ter uma estrutura diferente, proporcionando uma grande flexibilidade.

2. Design sem esquema: O MongoDB não tem esquema, o que significa que é possível adicionar campos a documentos em tempo real sem afetar os dados existentes. Isto torna-o adequado para aplicações com requisitos de dados em evolução.

3. Documentos do tipo JSON: Os documentos no MongoDB são

representados num formato semelhante ao JSON, que é legível por humanos e por máquinas. Isso facilita o armazenamento e a recuperação de dados.

4. Alto desempenho: O MongoDB é optimizado para operações rápidas de leitura e escrita. Ele suporta indexação, replicação e fragmentação eficientes para escalar e melhorar o desempenho.

5. Linguagem de consulta avançada: O MongoDB oferece uma poderosa linguagem de consulta com suporte para consultas complexas, índices secundários, consultas geoespaciais e muito mais.

6. Sharding automático: O MongoDB pode distribuir automaticamente os dados entre vários servidores, fornecendo escalabilidade horizontal para lidar com grandes conjuntos de dados e cargas de alto tráfego.

7. Replicação: O MongoDB suporta a replicação de dados, permitindo-lhe criar cópias secundárias dos seus dados para redundância, tolerância a falhas e escalonamento de leitura.

8. Estrutura de agregação: O MongoDB inclui uma estrutura de agregação que permite realizar transformações e cálculos de dados no lado do servidor, reduzindo a necessidade de processamento complexo no lado do cliente.

9. Suporte a dados geoespaciais: O MongoDB fornece indexação e consultas geoespaciais, tornando-o adequado para aplicações baseadas em localização.

10. Comunidade e ecossistema: O MongoDB tem uma comunidade de código aberto grande e ativa, juntamente com um rico ecossistema de ferramentas, bibliotecas e serviços que melhoram a sua funcionalidade.

Casos de uso comuns para o MongoDB:

1. Sistemas de gerenciamento de conteúdo: O MongoDB é frequentemente utilizado para armazenar conteúdos, perfis de utilizador e metadados em sistemas de gestão de conteúdos e sítios Web.

2. Gerenciamento de dados do usuário: O MongoDB é adequado para gerir dados de utilizadores, perfis e conteúdos gerados pelo utilizador em aplicações Web e móveis.

3. Catálogos e dados de produtos: As plataformas de comércio eletrónico utilizam o MongoDB para armazenar catálogos de produtos, informações sobre preços e dados de inventário.

4. Análise em tempo real: O MongoDB pode ser usado para análises em tempo real, permitindo que as empresas tomem decisões baseadas em dados e obtenham insights de grandes conjuntos de dados.

5. Internet das Coisas (loT): O MongoDB é adequado para gerir e analisar dados gerados por dispositivos IoT, como dados de sensores e telemetria.

6. Logs e dados de eventos: O MongoDB é frequentemente utilizado para

armazenar registos e dados de eventos, facilitando a pesquisa e a análise de registos de sistemas e aplicações.

7. Backend de aplicações móveis: O MongoDB funciona como um armazenamento de dados de backend para aplicações móveis, fornecendo acesso em tempo real aos dados.

Desafios:

Embora o MongoDB ofereça inúmeras vantagens, ele também tem alguns desafios. Estes incluem a consistência dos dados, a gestão de consultas complexas e a garantia de que a modelação de dados se adequa aos requisitos da aplicação. A indexação adequada e o design do esquema são considerações importantes para implantações eficientes do MongoDB.

O MongoDB é uma escolha popular para organizações que procuram uma solução de base de dados flexível e escalável para o desenvolvimento de aplicações modernas. A sua abordagem orientada para os documentos e a vasta gama de funcionalidades fazem dele uma ferramenta valiosa para gerir diversos dados e apoiar o acesso em tempo real à informação.

8. 11 CASSANDRA

O Apache Cassandra é um sistema de gestão de bases de dados NoSQL distribuído e de código aberto, concebido para tratar grandes volumes de dados em vários servidores de base e proporcionar uma elevada disponibilidade e escalabilidade. O Cassandra é conhecido pela sua tolerância a falhas, escalabilidade linear e capacidade de gerir dados estruturados e semi-estruturados, o que o torna adequado para vários casos de utilização. Eis uma introdução ao Cassandra:

Principais características do Cassandra:

1. Arquitetura distribuída: O Cassandra foi concebido como uma base de dados distribuída, em que os dados são distribuídos por vários nós ou servidores. Esta arquitetura distribuída assegura a tolerância a falhas e a escalabilidade.

2. Sem ponto único de falha: O Cassandra foi concebido para não ter um ponto único de falha. Os dados são replicados em vários nós e, no caso de falhas nos nós, os dados permanecem disponíveis e acessíveis.

3. Modelo de dados de família de colunas: O Cassandra utiliza um modelo de dados de família de colunas, semelhante ao HBase. Os dados são organizados em famílias de colunas, que são colecções de linhas. Cada linha pode ter um número diferente de colunas, e novas colunas podem ser adicionadas dinamicamente.

4. Alta taxa de transferência de gravação e leitura: O Cassandra está optimizado para uma elevada taxa de transferência de escrita e leitura, o que

o torna adequado para aplicações com cargas pesadas de escrita e consulta.

5. Níveis de consistência ajustáveis: O Cassandra oferece níveis de consistência ajustáveis, permitindo-lhe equilibrar entre uma consistência forte e uma consistência eventual, dependendo dos requisitos da sua aplicação.

6. Escalabilidade: O Cassandra oferece escalabilidade horizontal, o que significa que pode adicionar mais servidores ao cluster à medida que o volume de dados e os padrões de acesso aumentam. Isto torna-o ideal para aplicações de grande escala.

7. Suporte para vários centros de dados: O Cassandra é capaz de abranger vários centros de dados, permitindo implementações geograficamente distribuídas e recuperação de desastres.

8. Linguagem de consulta incorporada (CQL): O Cassandra inclui a linguagem de consulta Cassandra (CQL), que é semelhante à SQL. Isto permite aos programadores consultar e gerir dados de uma forma familiar.

9. Índices secundários: O Cassandra suporta índices secundários, possibilitando a consulta de dados com base noutras colunas que não a chave primária.

10. Consolidação de dados analíticos e transaccionais: O Cassandra é frequentemente utilizado em cenários em que os dados transaccionais e analíticos são consolidados, permitindo que as organizações obtenham informações em tempo real a partir de grandes conjuntos de dados.

Casos de utilização comuns do Cassandra:

1. Dados de séries temporais: O Cassandra é utilizado em aplicações que requerem o armazenamento e a recuperação eficientes de dados de séries temporais, como dados de sensores IoT e registos de eventos.

2. Análise em tempo real: O Cassandra pode ser utilizado para análises em tempo real, proporcionando um acesso de baixa latência aos dados para a tomada de decisões e a elaboração de relatórios.

3. Plataformas de redes sociais: As redes e aplicações sociais utilizam o Cassandra para gerir perfis de utilizadores, publicações, relações e feeds de atividade.

4. Sistemas de gestão de conteúdos: O Cassandra pode armazenar conteúdos e metadados para sistemas de gestão de conteúdos e sítios Web.

5. Plataformas de comércio eletrónico: As aplicações de comércio eletrónico utilizam o Cassandra para catálogos de produtos, dados de clientes e gestão de encomendas.

6. Dados de registo e de eventos: O Cassandra é normalmente utilizado para armazenar e consultar dados de registo e de eventos gerados por sistemas e aplicações.

7. Motores de recomendação: O Cassandra pode suportar motores de recomendação que fornecem sugestões personalizadas aos utilizadores.

Desafios:

A natureza distribuída do Cassandra e os níveis de consistência ajustáveis podem tornar difícil a sua conceção, configuração e manutenção em ambientes complexos. A modelação de dados adequada, a afinação do cluster e a monitorização são essenciais para maximizar o seu desempenho e resiliência.

O Cassandra é uma ferramenta valiosa para as organizações que procuram uma solução de base de dados NoSQL distribuída, altamente disponível e escalável. A sua filosofia de conceção está alinhada com os requisitos das aplicações modernas e de grande escala que exigem um elevado desempenho e disponibilidade de dados.

PERGUNTAS

1. O que é o Apache Oozie e qual é o seu principal objetivo no ecossistema Hadoop?

2. Como é que o Oozie permite a automatização do fluxo de trabalho no processamento de grandes volumes de dados?

3. Pode explicar os principais componentes de um fluxo de trabalho Oozie?

4. O que é o Apache Spark e em que é que difere do MapReduce no Hadoop?

5. Explicar a capacidade de processamento na memória do Spark e o seu significado.

6. Indique algumas bibliotecas e componentes Spark normalmente utilizados para várias tarefas.

7. Quais são as principais limitações do modelo de programação MapReduce do Hadoop?

8. Como é que o Apache Spark resolve as limitações do MapReduce do Hadoop?

9. Descreva como o gestor de recursos YARN ajuda a ultrapassar as limitações do Hadoop.

10. Quais são os principais componentes do ecossistema do Apache Spark?

11. Explicar a arquitetura master-worker do Spark.

12. O que é um Spark RDD e qual é a sua relação com o processamento de dados do Spark?

13. O que é o Apache Flink e como é que se compara ao Apache Spark?

14. Descreva as principais características que tornam o Flink adequado para o processamento de fluxo.

15. Quais são os principais casos de utilização do Apache Flink?

16. Como o Apache Flink pode ser usado para processamento em lote, além do processamento de fluxo?

17. Explicar como o Flink trata os dados em repouso num cenário de processamento em lote.

18. Forneça um exemplo de um caso de utilização em que a análise em lote com o Flink é benéfica.

19. O que é a extração de grandes volumes de dados e qual a sua relação com as bases de dados NoSQL?

20. Indique alguns tipos comuns de dados que são normalmente extraídos em aplicações de megadados.

21. Em que é que a extração de grandes volumes de dados com NoSQL difere da extração de dados tradicional?

22. Quais são as limitações das bases de dados relacionais tradicionais para aplicações de megadados?

23. Explicar as principais vantagens das bases de dados NoSQL para o tratamento de grandes volumes de dados não estruturados.

24. Dê um exemplo de um cenário do mundo real em que uma base de dados NoSQL é mais adequada do que um RDBMS.

25. Indique quatro categorias populares de bases de dados NoSQL e forneça um exemplo de cada uma.

26. O que significa o teorema CAP e qual a sua relação com as bases de dados NoSQL?

27. Explicar os principais casos de utilização de armazenamentos de valores chave em bases de dados NoSQL.

28. O que é o Apache HBase e quais são as suas principais características?

29. Como o HBase armazena e gerencia dados em um ambiente distribuído?

30. Pode explicar a arquitetura do HBase, incluindo regiões e servidores de região?

31. O que é o MongoDB e a que categoria de base de dados NoSQL pertence?

32. Descrever a estrutura básica dos dados no MongoDB, incluindo colecções e documentos.

33. Que linguagem de consulta é utilizada para a recuperação e manipulação de dados na MongoDB?

34. O que é o Apache Cassandra e como é que lida com cenários de elevado débito de escrita?

35. Explicar a arquitetura do Cassandra, incluindo nós, distribuição de dados e particionamento.

36. Descrever os casos de utilização em que o Cassandra é habitualmente aplicado.

## CAPÍTULO V

CIÊNCIA DOS DADOS NA EMPRESA

Esta secção apresenta uma visão geral da ciência dos dados empresariais, realçando a sua importância e aplicações. Explora soluções de ciência de dados adaptadas às necessidades das empresas, destacando o seu papel na extração de informações e na condução de processos de tomada de decisões. A secção centra-se depois na visualização de grandes volumes de dados, abrangendo técnicas e ferramentas como Python, R e Tableau para representar e interpretar eficazmente grandes conjuntos de dados. Além disso, analisa a importância da visualização na compreensão dos grandes volumes de dados e discute várias ferramentas de visualização disponíveis para os profissionais criarem representações visuais impactantes de conjuntos de dados complexos em ambientes empresariais.

5.1 VISÃO GERAL DA CIÊNCIA DOS DADOS EMPRESARIAIS

A ciência dos dados empresariais refere-se à prática de aplicar técnicas e metodologias de ciência dos dados num contexto empresarial ou organizacional para extrair informações valiosas, tomar decisões baseadas em dados e criar valor empresarial. Envolve a utilização de dados, análise estatística, aprendizagem automática e outras ferramentas e práticas de ciência dos dados para resolver problemas empresariais complexos, melhorar as operações e impulsionar a inovação. Eis uma visão geral da ciência dos dados empresariais:

Componentes-chave da ciência dos dados empresariais:

1. Recolha e integração de dados: A ciência dos dados empresariais começa com a recolha e integração de dados de várias fontes, incluindo bases de dados internas, APIs externas, dispositivos IoT, redes sociais e muito mais. Os dados são muitas vezes confusos e não estruturados, e o processo envolve a limpeza e transformação de dados para os tornar utilizáveis.

2. Armazenamento e gestão de dados: É fundamental armazenar e gerir os dados de forma eficiente. As empresas utilizam frequentemente bases de dados, armazéns de dados e lagos de dados para armazenar e organizar os dados. Esta etapa também envolve garantir a segurança dos dados, a conformidade e a governação dos dados.

3. Análise de dados: A análise de dados está no centro da ciência de dados empresarial. Inclui a análise exploratória de dados (EDA) para compreender padrões de dados, estatísticas descritivas e visualização de dados. São frequentemente utilizadas técnicas estatísticas avançadas para obter informações a partir dos dados.

4. Aprendizagem automática e modelação: A aprendizagem automática

desempenha um papel importante na ciência dos dados empresariais. Os cientistas de dados criam modelos preditivos, modelos de classificação, modelos de regressão e outros algoritmos de aprendizagem automática para fazer previsões e automatizar os processos de tomada de decisões.

5. Implementação de modelos: Os modelos bem sucedidos precisam de ser implementados em sistemas de produção, seja para apoio à decisão em tempo real, motores de recomendação ou automatização de processos. Esta etapa requer uma integração cuidadosa com a infraestrutura de TI existente.

6. Visualização de dados e relatórios: A visualização eficaz dos dados e a elaboração de relatórios são essenciais para comunicar as conclusões e os conhecimentos aos intervenientes não técnicos da organização. Para este efeito, podem ser utilizadas ferramentas como o Tableau, Power BI ou dashboards personalizados.

7. Integração empresarial: Os resultados da ciência dos dados devem ser integrados nas operações comerciais e nos processos de tomada de decisões. Isto implica frequentemente a colaboração com especialistas no domínio, executivos e decisores da empresa.

Desafios da ciência dos dados empresariais:

1. Qualidade dos dados: Garantir a qualidade e a consistência dos dados é um desafio fundamental. Uma má qualidade dos dados pode conduzir a análises erróneas e a modelos defeituosos.

2. Escalabilidade: As empresas lidam com grandes volumes de dados, que podem ser difíceis de processar e analisar. São necessárias soluções escaláveis para lidar com grandes volumes de dados.

3. Segurança e conformidade dos dados: As empresas têm de gerir os dados sensíveis de forma responsável e cumprir os regulamentos de proteção de dados, como o RGPD ou a HIPAA.

4. Colaboração interdisciplinar: Uma ciência de dados eficaz requer frequentemente a colaboração entre cientistas de dados, especialistas no domínio e profissionais de TI. A comunicação e a compreensão efectivas entre estes grupos são cruciais.

5. Interpretabilidade do modelo: Em alguns casos, a interpretabilidade do modelo é essencial, especialmente em sectores regulamentados. Compreender porque é que um modelo toma uma determinada decisão é crucial.

6. Manutenção de modelos: Os modelos requerem manutenção e reciclagem contínuas para se manterem exactos e relevantes.

Benefícios da ciência de dados empresarial:

1. Tomada de decisões com base em dados: A ciência dos dados

empresariais permite que as organizações tomem decisões baseadas em dados, reduzindo a dependência da intuição e da adivinhação.

2. Eficiência e automatização: A ciência dos dados pode automatizar tarefas repetitivas, otimizar processos e melhorar a atribuição de recursos.

3. Vantagem competitiva: A utilização efectiva da ciência dos dados pode proporcionar uma vantagem competitiva no mercado.

4. Inovação: A ciência dos dados conduz frequentemente à inovação, descobrindo novas perspectivas e oportunidades.

5. Redução de riscos: Ao identificar riscos e tendências, a ciência dos dados pode ajudar as organizações a mitigar potenciais problemas.

A ciência dos dados empresariais é uma ferramenta poderosa para as organizações aproveitarem o valor dos seus dados, impulsionarem a inovação e permanecerem competitivas num mundo cada vez mais orientado para os dados. Para serem bem sucedidas neste domínio, as empresas precisam de investir em talento, tecnologia e infraestrutura de dados, ao mesmo tempo que abordam os desafios e oportunidades específicos da sua indústria e objectivos comerciais.

5.2 SOLUÇÕES DE CIÊNCIA DE DADOS NA EMPRESA

As soluções de ciência de dados nas empresas desempenham um papel crucial na condução da inteligência empresarial, na otimização das operações e na tomada de decisões baseadas em dados. Estas soluções aproveitam as técnicas e ferramentas da ciência dos dados para extrair informações dos dados, criar modelos preditivos e melhorar o desempenho geral da empresa. Eis algumas soluções comuns de ciência de dados e as suas aplicações na empresa:

1. Análise preditiva:

- Aplicação: A análise preditiva utiliza dados históricos para prever eventos futuros. Na empresa, é aplicada à previsão da procura, às previsões de vendas e à avaliação de riscos.

2. Segmentação de clientes:

- Aplicação: A segmentação de clientes envolve a divisão de uma base de clientes em grupos com características semelhantes. Isto é útil para marketing direcionado, personalização de produtos e recomendações personalizadas.

3. Análise de churn:

- Aplicação: A análise do churn ajuda a identificar e a reter clientes em risco. Ao prever o churn de clientes, as empresas podem implementar estratégias para reduzir o desgaste dos clientes.

4. Sistemas de recomendação:

- Aplicação: Os sistemas de recomendação, como os utilizados pela Netflix e pela Amazon, sugerem produtos ou conteúdos aos utilizadores com base nos seus comportamentos e preferências anteriores.

5. Otimização da cadeia de fornecimento:

- Aplicação: A ciência dos dados pode otimizar a gestão da cadeia de abastecimento através da previsão da procura, da otimização dos níveis de inventário e da racionalização da logística.

6. Deteção de anomalias:

- Aplicação: A deteção de anomalias ajuda a identificar padrões ou eventos invulgares nos dados, o que pode ser fundamental para a deteção de fraudes, a segurança da rede e o controlo de qualidade.

7. Análise de texto e de sentimentos:

- Aplicação: A análise de texto pode ser aplicada a comentários de clientes, sentimentos nas redes sociais e dados de texto de pedidos de assistência para avaliar a satisfação do cliente e identificar áreas a melhorar.

8. Análise de imagem e vídeo:

- Aplicações: Em sectores como os cuidados de saúde e a indústria transformadora, a análise de imagem e vídeo pode ser utilizada para diagnóstico, controlo de qualidade e reconhecimento de objectos.

9. Processamento de linguagem natural (PNL):

- Aplicações: As técnicas de PNL podem ser utilizadas para chatbots, tradução de línguas, geração de conteúdos e recuperação de informações em aplicações.

10. Testes A/B:

- Aplicação: Os testes A/B são normalmente utilizados no marketing para testar o impacto de diferentes estratégias ou concepções de sítios Web no comportamento dos utilizadores e nas taxas de conversão.

11. Deteção de fraudes:

- Aplicação: Nos serviços financeiros, os modelos de deteção de fraude podem analisar transacções em tempo real e identificar actividades potencialmente fraudulentas.

12. Otimização do inventário:

- Aplicação: Os modelos de otimização de inventário ajudam as empresas a gerir eficazmente os níveis de inventário para reduzir os custos de transporte, assegurando simultaneamente a disponibilidade dos produtos.

13. Controlo de qualidade:

- Aplicação: A ciência dos dados pode ser utilizada para monitorizar e manter a qualidade dos produtos nas linhas de montagem e nos processos de fabrico.

14. Recursos Humanos:

- Aplicação: Os departamentos de RH podem utilizar a ciência dos dados para melhorar os processos de contratação, avaliar o desempenho dos trabalhadores e prever a sua rotação.

15. Otimização do consumo de energia:

- Aplicação: As empresas e instalações de energia podem otimizar o consumo de energia e reduzir os custos através da análise de dados e da modelação preditiva.

16. Cuidados de saúde e diagnóstico médico:

- Aplicação: A ciência dos dados é utilizada nos cuidados de saúde para a avaliação do risco dos doentes, o diagnóstico de doenças e a descoberta de medicamentos.

17. Gestão de riscos:

- Aplicação: As instituições financeiras utilizam a ciência dos dados para avaliar o risco de crédito, o risco de investimento e o risco de mercado.

18. Otimização de processos:

- Aplicação: Os processos de fabrico e produção podem ser optimizados em termos de eficiência e redução de custos utilizando técnicas de ciência dos dados.

19. Manutenção e Manutenção Preditiva:

- Aplicação: A ciência dos dados ajuda a prever quando é que o equipamento e as máquinas vão falhar, permitindo uma manutenção proactiva e minimizando o tempo de inatividade.

20. Análise do cabaz de compras:

- Aplicação: No comércio retalhista, a análise do cabaz de compras revela associações entre produtos nas compras dos clientes, permitindo uma colocação eficaz dos produtos e a sua agregação.

As soluções de ciência dos dados são fundamentais para melhorar as operações, otimizar a atribuição de recursos, reduzir custos e melhorar a tomada de decisões em vários sectores da indústria. Ao aproveitar o poder dos dados, as empresas podem ganhar uma vantagem competitiva e satisfazer as necessidades em evolução dos clientes e dos mercados.

5.3 VISUALIZAÇÃO DE GRANDES VOLUMES DE DADOS

A visualização de grandes volumes de dados é um passo crucial para dar sentido a conjuntos de dados vastos e complexos. Uma visualização de dados eficaz pode ajudar a descobrir padrões, tendências e conhecimentos que podem ser difíceis de discernir apenas a partir de dados brutos. Quando se trabalha com grandes volumes de dados, as ferramentas e técnicas de visualização tradicionais podem não ser suficientes devido ao volume, velocidade e variedade dos dados. Eis algumas abordagens e ferramentas para a visualização de grandes volumes de dados:

1. Utilizar ferramentas de visualização de grandes volumes de dados:
- Utilizar ferramentas especializadas de visualização de grandes volumes de dados concebidas para lidar com grandes conjuntos de dados. Estas ferramentas podem lidar com a escala e a complexidade dos grandes volumes de dados e fornecer visualizações interactivas e em tempo real. Os exemplos incluem Tableau, Power BI, QlikView e D3.js para visualizações personalizadas.

2. Visualização de dados distribuída:
- Para conjuntos de dados extremamente grandes que não podem ser tratados por uma única máquina, considere a utilização de estruturas de visualização de dados distribuídas como o Apache Superset, que pode ser executado em plataformas de computação distribuída como o Apache Spark.

3. Processamento paralelo:
- As ferramentas de processamento paralelo, como o Apache Hadoop e o Apache Spark, podem pré-processar e agregar dados antes da visualização. Estas plataformas oferecem capacidades de computação distribuída para lidar com tarefas de análise e visualização de grandes volumes de dados.

4. Processamento na memória:
- As bases de dados na memória, como o Apache HBase e o Apache Cassandra, podem ajudar a acelerar a recuperação e o processamento de dados, permitindo uma visualização mais rápida dos dados em tempo real.

5. Agregação e amostragem:
- Ao lidar com conjuntos de dados extremamente grandes, considere técnicas de agregação ou amostragem para reduzir o volume de dados, mantendo as informações essenciais para visualização.

6. Técnicas de redução de dados:
- Aplicar técnicas de redução de dados, como a redução da dimensionalidade (por exemplo, análise de componentes principais), para simplificar e visualizar grandes volumes de dados de elevada dimensão.

7. Painéis de controlo em tempo real:
- Crie dashboards em tempo real que se actualizam dinamicamente para visualizar streaming ou big data em rápida mudança. Ferramentas como Grafana e Kibana podem ajudar a criar esses dashboards.

8. Visualização geoespacial e baseada em mapas:
- Para grandes volumes de dados baseados na localização, utilize ferramentas de visualização geoespacial para criar mapas, mapas de calor e análises geoespaciais.

9. Visualização de séries temporais:
- As ferramentas de visualização de séries temporais, como as bases de dados

de séries temporais (TSDB) e bibliotecas como a Plotly, podem ajudar a analisar e visualizar grandes volumes de dados com carimbo de data/hora.

10. Visualização melhorada por aprendizagem automática:

- Utilize algoritmos de aprendizagem automática para identificar automaticamente padrões e anomalias em grandes volumes de dados e, em seguida, visualize os resultados. Por exemplo, as técnicas de agrupamento podem agrupar pontos de dados semelhantes para visualização.

11. Visualizações interactivas:

- Crie visualizações interactivas que permitam aos utilizadores explorar e aprofundar os dados para obter informações mais detalhadas. Os gráficos interactivos e as interfaces de exploração de dados podem ser criados utilizando bibliotecas JavaScript como D3.js ou funcionalidades interactivas em ferramentas como o Tableau.

12. Armazenamento distribuído de dados:

- Armazenar grandes volumes de dados em sistemas de ficheiros distribuídos ou bases de dados NoSQL para permitir uma recuperação e visualização eficientes. Os exemplos incluem o Sistema de Ficheiros Distribuídos Hadoop (HDFS) e bases de dados NoSQL distribuídas como o Cassandra e o HBase.

13. Transformação de dados:

- Antes da visualização, pré-processar e transformar os dados para os tornar adequados à visualização. Isto pode envolver a limpeza, o enriquecimento e a normalização dos dados.

14. Painel de controlo e geração de relatórios:

- Gerar automaticamente relatórios e painéis de controlo para partilhar informações e conclusões com as partes interessadas.

A visualização eficaz de grandes volumes de dados requer uma combinação de conhecimentos de engenharia de dados, ciência de dados e visualização. A escolha de ferramentas e técnicas deve ser orientada pelas características específicas dos dados e pelos objectivos da visualização. A visualização de grandes volumes de dados pode fornecer informações valiosas, orientar a tomada de decisões e ajudar as organizações a compreender melhor os padrões de dados complexos.

5.4 UTILIZAÇÃO DE PYTHON E R PARA VISUALIZAÇÃO

Python e R são duas das linguagens de programação mais populares para análise e visualização de dados. Oferecem uma vasta gama de bibliotecas e ferramentas para criar vários tipos de visualizações a partir dos seus dados. Eis um resumo de como pode utilizar Python e R para a visualização de dados:

Utilização de Python para visualização de dados:

Python tem várias bibliotecas e frameworks para visualização de dados. Algumas das mais utilizadas são:

1. Matplotlib: Matplotlib é uma das bibliotecas fundamentais para a criação de visualizações estáticas, animadas e interactivas em Python. Fornece opções de personalização extensivas para a criação de uma vasta gama de gráficos e diagramas.
Exemplo:
```python
importar matplotlib.pyplot as plt
x = [1,2, 3,4, 5]
y = [10, 12, 5, 8,15]
plt.plot(x, y)
plt.xlabel('Eixo X')
plt.ylabel('Eixo Y')
plt.title('Amostra de gráfico')
plt.show() ```
2. Seaborn: Seaborn é uma biblioteca de visualização de dados construída sobre o Matplotlib. Fornece uma interface de alto nível para criar gráficos estatísticos atraentes e informativos.
Exemplo:
```python
importar seaborn as sns
sns.scatterplot(x='sepal_length', y='sepal_width', data=iris_data) ```
3. Pandas: O Pandas, uma biblioteca popular de manipulação de dados, fornece capacidades básicas de visualização de dados. É possível criar gráficos diretamente a partir de DataFrames, o que o torna conveniente para a análise exploratória de dados.
Exemplo:
```python
importar pandas como pd
df.plot(kind-bar', x='category', y='value') ```
4. Plotly: Plotly é uma biblioteca versátil para criar visualizações interactivas e baseadas na Web. É adequada para criar dashboards interactivos e aplicações Web.
Exemplo:
```python
importar plotly.express as px
fig = px.scatter(df, x='x', y='y', color-category', size-value')
fig.show() ```

5.  Bokeh: Bokeh é outra biblioteca de visualização interactiva que pode ser utilizada para criar gráficos interactivos baseados na Web. É adequada para a criação de painéis de controlo interactivos.

Exemplo:

```python
from bokeh.plotting import figure, output_file, show
p = figura(largura_do_enredo=400, altura_do_enredo=400)
p.circle([1, 2, 3, 4, 5], [10, 12, 5, 8, 15], size=10) show(p) '''
```

Utilização do R para visualização de dados:

O R é uma linguagem e um ambiente especificamente concebidos para a análise e visualização de dados. Tem um extenso ecossistema de pacotes para criar vários tipos de visualizações:

1. ggplot2: O ggplot2 é um dos pacotes R mais populares para criar visualizações de dados estáticas e personalizadas. É conhecido pela sua gramática elegante e expressiva de gráficos.

Exemplo:

```R
biblioteca(ggplot2)
ggplot(iris, aes(x = Sepal.Length, y = Sepal.Width, color = Species)) +
geom_point() '''
```

2. Malha: O Lattice é outro pacote para criar vários tipos de gráficos, incluindo gráficos de treliça, que podem ser úteis para visualizar dados com várias dimensões.

Exemplo:

```R
library(lattice)
xyplot(Sepal.Width ~ Sepal.Length | Species, data = iris, type = c('p', 'r')) '''
```

3. Shiny: O Shiny é um pacote R para criar aplicações Web interactivas com o R. Permite-lhe criar painéis interactivos e aplicações Web baseadas em dados.

Exemplo:

```R
biblioteca(shiny)
shinyApp(
ui = fluidPage(
titlePanel("Shiny Example"),
plotOutput("scatterplot")
),
servidor = function(input, output) {
```

output$scatterplot <- renderPlot({
plot(iris$Sepal.Length, iris$Sepal.Width)
})
}
) '''

4. plotly: O Plotly tem uma biblioteca R que permite criar gráficos interactivos semelhantes ao Plotly em Python.

Exemplo:

'''R

biblioteca(plotly)

plot_ly(iris, x = ~Sepal.Length, y = ~Sepal.Width, color = ~Species, type = 'scatter', mode = 'markers') '''

Tanto o Python como o R fornecem ferramentas poderosas para a visualização de dados. A escolha entre elas depende frequentemente da sua familiaridade com a linguagem e dos requisitos específicos do projeto. Também pode utilizar ambas as linguagens em conjunto, dependendo das necessidades das suas tarefas de análise e visualização de dados.

5.5 FERRAMENTAS DE VISUALIZAÇÃO DE GRANDES VOLUMES DE DADOS

As ferramentas de visualização de grandes volumes de dados são essenciais para empresas e profissionais de dados que lidam com conjuntos de dados grandes e complexos. Estas ferramentas conseguem lidar com o volume e a variedade de dados, ao mesmo tempo que fornecem informações através de visualizações interactivas e significativas. Eis algumas ferramentas populares de visualização de grandes volumes de dados:

1. Tableau: O Tableau é uma ferramenta de visualização de dados líder que permite aos utilizadores ligarem-se a uma vasta gama de fontes de dados, incluindo plataformas de grandes volumes de dados. Oferece uma interface intuitiva de arrastar e largar para criar dashboards e relatórios interactivos.

2. Power BI: O Microsoft Power BI é uma ferramenta de business intelligence que suporta a visualização de dados. Liga-se a várias fontes de dados, incluindo plataformas de grandes volumes de dados, e fornece exploração interactiva de dados, criação de painéis de controlo e funcionalidades de colaboração.

3. QlikView/Qlik Sense: O QlikView e o Qlik Sense são ferramentas de visualização de dados e de inteligência empresarial que permitem aos utilizadores explorar e visualizar dados de diversas fontes, incluindo plataformas de grandes volumes de dados. Fornecem modelação de dados associativa para análise interactiva.

4. D3.js: D3.js é uma biblioteca JavaScript para criar visualizações de dados personalizadas e interactivas na Web. Embora exija conhecimentos de codificação, oferece controlo total sobre o design e o comportamento da visualização.

5. Plotly: Plotly é uma biblioteca versátil para criar visualizações interactivas baseadas na Web. Suporta várias linguagens de programação como Python, R e JavaScript, tornando-a adequada para visualizações de grandes volumes de dados.

6. Apache Superset: O Apache Superset é uma plataforma de exploração e visualização de dados de código aberto que se liga a várias fontes de dados, incluindo grandes armazéns de dados. Oferece dashboards interactivos e consultas ad-hoc.

7. Grafana: Grafana é uma plataforma de código aberto para monitoramento e observabilidade que pode ser usada para visualização de big data. É popular para análise de dados em tempo real e painéis de controlo.

8. Kibana: O Kibana é frequentemente utilizado em conjunto com o armazenamento de dados do Elasticsearch para visualizar e explorar dados de registo e de eventos. É adequado para análise de big data em tempo real.

9. Highcharts: Highcharts é uma biblioteca de gráficos JavaScript para visualizações de dados interactivas e de alto desempenho. Pode lidar com a visualização de grandes volumes de dados com o seu extenso conjunto de tipos de gráficos.

10. Looker: Looker é uma plataforma de inteligência empresarial que se liga a grandes armazéns de dados e permite a criação de painéis e relatórios personalizados e orientados para os dados.

11. Dados do Periscópio: O Periscope Data é uma plataforma de análise e visualização de dados que se conecta a várias fontes de dados, incluindo big data, e fornece recursos avançados de análise e visualização.

12. Sigma Computing: Sigma é uma plataforma de business intelligence e análise de dados baseada na nuvem que permite aos utilizadores analisar, visualizar e partilhar dados de grandes fontes de dados.

13. Metabase: O Metabase é uma ferramenta de business intelligence de código aberto que pode ligar-se a plataformas de big data, fornecendo capacidades de exploração e visualização de dados.

14. Google Data Studio: O Google Data Studio é uma ferramenta gratuita para criar relatórios e dashboards interactivos e partilháveis que podem ser ligados ao Google BigQuery e a outras fontes de dados.

15. Sisense: O Sisense é uma plataforma de business intelligence que suporta a análise e visualização de big data. Oferece capacidades de integração,

preparação e visualização de dados.

A escolha de uma ferramenta de visualização de grandes volumes de dados depende dos seus requisitos específicos, incluindo as fontes de dados, a escala dos seus dados e a complexidade das visualizações de que necessita. Algumas ferramentas são mais fáceis de utilizar, enquanto outras oferecem maior flexibilidade para visualizações e codificação personalizadas. Considere as competências da sua equipa, a facilidade de integração e o seu orçamento ao selecionar a ferramenta certa para as suas necessidades de visualização de grandes volumes de dados.

5.6 VISUALIZAÇÃO DE DADOS COM TABLEAU

O Tableau é uma poderosa ferramenta de visualização de dados que lhe permite criar visualizações interactivas e perspicazes a partir de várias fontes de dados. Aqui está um guia passo-a-passo para a visualização de dados com o Tableau:

Passo 1: Instalar e configurar o Tableau:

1. Descarregue e instale o Tableau Desktop ou utilize o Tableau Public, uma versão gratuita, se os seus dados e visualizações puderem ser acessíveis ao público.

2. Inicie o Tableau e comece um novo projeto.

Passo 2: Ligue-se à sua fonte de dados:

1. Clique em "Connect to Data" (Ligar aos dados) para importar a sua fonte de dados.

2. O Tableau suporta uma ampla gama de fontes de dados, incluindo bancos de dados, planilhas, serviços de nuvem e plataformas de big data. Selecione a fonte de dados apropriada e forneça os detalhes de conexão necessários.

Passo 3: Importar e preparar os seus dados:

1. Uma vez ligado, verá as tabelas ou folhas da sua fonte de dados. Arraste e largue as tabelas ou folhas com que pretende trabalhar para a tela.

2. O Tableau fornece ferramentas para transformação, limpeza e modelagem de dados. É possível renomear campos, combinar fontes de dados e dinamizar dados conforme necessário.

Passo 4: Criar visualizações:

1. Após importar e preparar os dados, é possível começar a criar visualizações. O Tableau fornece uma variedade de tipos de gráficos, incluindo gráficos de barras, gráficos de linhas, gráficos de dispersão, mapas de variações e muito mais.

2. Arraste as dimensões e medidas desejadas para as prateleiras "Colunas" e "Linhas" para criar a sua visualização. A interface intuitiva do Tableau permite-lhe arrastar e largar para criar os seus gráficos.

3. Personalize as suas visualizações adicionando filtros, opções de ordenação e ajustando o aspeto dos seus gráficos.

Etapa 5: criar painéis:

1. Pode criar dashboards que contenham várias visualizações numa única página. Para tal, clique no separador "Dashboard" e comece a criar o seu esquema.

2. Arraste e largue as visualizações que pretende incluir no seu painel e ajuste as respectivas posições e tamanhos.

Passo 6: Adicionar interatividade:

1. O Tableau permite-lhe adicionar interatividade às suas visualizações e painéis. É possível usar filtros, parâmetros e ações para criar elementos dinâmicos.

2. As acções podem ser configuradas para realçar, filtrar ou ligar a outras folhas quando se interage com um ponto de dados específico.

Passo 7: Criar cálculos e fórmulas:

1. O Tableau fornece um recurso de campo calculado que permite criar cálculos e fórmulas personalizados. É possível criar campos calculados usando o editor de fórmulas.

2. Estes campos calculados podem ser utilizados nas suas visualizações para efetuar cálculos e agregações complexas.

Passo 8: Publicar e partilhar:

1. Depois de criar as suas visualizações e painéis, pode publicá-los no Tableau Server ou no Tableau Online para partilhar com outras pessoas na sua organização.

2. Também é possível exportar visualizações como ficheiros de imagem ou PDFs para partilhar com as partes interessadas.

Etapa 9: Atualizar e aperfeiçoar continuamente:

1. Os dados podem mudar ao longo do tempo, pelo que é essencial definir calendários de atualização de dados se estiver a trabalhar com fontes de dados em tempo real.

2. Actualize e aperfeiçoe continuamente as suas visualizações à medida que novos dados ficam disponíveis ou que as suas necessidades comerciais mudam.

Passo 10: Colaborar e analisar:

1. Colabore com a sua equipa para obter informações a partir das suas visualizações.

2. Utilize as funcionalidades interactivas do Tableau para aprofundar os dados e descobrir padrões, tendências e anomalias.

O Tableau é uma ferramenta versátil para a visualização de dados que pode ser utilizada tanto por principiantes como por utilizadores avançados. Permite-lhe criar visualizações de dados impactantes e interactivas que podem ajudar na tomada de decisões, na exploração de dados e na narração de histórias.

PERGUNTAS

1. Qual é o papel da ciência dos dados na empresa e como é que ela beneficia as empresas?

2. Em que é que a ciência dos dados difere do business intelligence (BI) tradicional num contexto empresarial?

3. Pode explicar as principais fases de um projeto típico de ciência de dados numa empresa?

4. Como é que as soluções de ciência dos dados podem ajudar a melhorar a gestão das relações com os clientes (CRM) numa empresa?

5. Dar exemplos de aplicações da ciência dos dados nas finanças e nos cuidados de saúde numa empresa.

6. Que desafios podem as empresas enfrentar quando implementam soluções de ciência dos dados e como podem ultrapassá-los?

7. Quais são os desafios específicos da visualização de grandes volumes de dados em comparação com os dados tradicionais?

8. Como é que a amostragem de dados pode ser utilizada para facilitar a visualização de grandes conjuntos de dados?

9. Explicar o conceito de agregação de dados no contexto da visualização de grandes volumes de dados.

10. Como é que a biblioteca matplotlib do Python contribui para a visualização de dados?

11. Quais são algumas das principais vantagens da utilização do R para tarefas de visualização de dados?

12. Forneça um exemplo de um projeto de visualização de dados em que Python e R foram utilizados eficazmente.

13. Indique três ferramentas populares de visualização de grandes volumes de dados e descreva as suas principais características.

14. Como é que as ferramentas de visualização de dados, como o D3.js e o Plotly, facilitam as visualizações interactivas?

15. Que factores devem ser considerados por uma empresa ao selecionar uma ferramenta de visualização de grandes volumes de dados?

16. O que é o Tableau e como permite a visualização de dados num contexto empresarial?

17. Descreva as principais vantagens da utilização do Tableau para a visualização de dados em tempo real.

18. Forneça um exemplo de um cenário empresarial em que o Tableau foi
utilizado para obter informações accionáveis.

REFERÊNCIAS

Livros electrónicos:

- Marz, N., & Warren, J. (2015). Big Data: Princípios e melhores práticas de sistemas de dados escaláveis em tempo real. Publicações Manning.
- Mayer-Schonberger, V., & Cukier, K. (2013). Big Data: A Revolution That Will Transform How We Live, Work, and Think [Uma revolução que transformará a forma como vivemos, trabalhamos e pensamos]. Houghton Mifflin Harcourt.

2. Sítios Web:

- Geeks for Geeks: https://www.geeksforgeeks.org/
- Rumo à ciência dos dados: Rumo à ciência dos dados. https://towardsdatascience.com/
- KDnuggets: https://www.kdnuggets.com/

3. Blogues:

- Blogue da Cloudera: https://blog.cloudera.com/
- Blogue da Hortonworks: https://hortonworks.com/blog/
- Blogue MapR: https://mapr.com/blog/

4. Revistas e artigos académicos:

- IEEE Transactions on Big Data. https://ieeexplore.ieee.org/xpl/RecentIssue.jsp?punumber=6687317
- ACM Transactions on Knowledge Discovery from Data https://dl.acm.org/journal /tkdd

5. Fóruns e comunidades em linha:

- Stack Overflow.https://stackoverflow.com/
- Reddit's r/bigdata.https://www.reddit.com/r/bigdata/

6. Documentação oficial:

- Apache Hadoop. https://hadoop.apache.org/docs/
- Apache Spark. https://spark.apache.org/docs/latest/
- Apache Kafka. https://kafka.apache.org/documentation/

Printed by Books on Demand GmbH, Norderstedt / Germany